Android

スマートフォン
完全マニュアル
2023-2024

JN063725

Android Smartphone Perfect Manual 2023-2024

standards

cont

ents

ほとんどお手上げの人も、もっと使いこなしたい人も、どちらもきっちりフォローします。

電話やメールはもちろん、SNSや写真、動画に音楽、ゲーム、地図、ノート…と、思い浮かぶ用途を数え上げてもきりがないほど多彩に活用できるスマートフォン。ある程度直感的に使えるよう進化してきているが、操作や設定で躓くところはまだまだ多い。本書は、スマートフォン初心者でも最短でやりたいことができるよう、要点をしっかり解説。Androidや主要なアプリの操作をスピーディにマスターできる。また、スマートフォンをさらに便利に快適に使うための設定ポイントや操作法、活用法も随所に掲載。この1冊でスマートフォンを「使いこなす」ところまで到達できるはずだ。

端末提供／KDDI株式会社

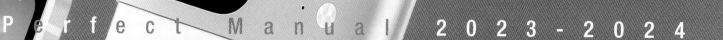
はじめにお読みください

「設定」の場所を確認しておく

 電話
 連絡帳
 ＋メッセージ (SMS)
 LinkedIn
 カレンダー

 Photo Pro
 Cinema Pro
 Video Pro
 フォト
 Game

 ミュージック
 Music Pro
 時計
 電卓
 設定 「設定」アプリ

スマートフォンの設定の多くは「設定」アプリを開いて行う。本書でも、設定箇所を「設定」→「システム」といった表現で解説している。「設定」アプリは、ホーム画面を上にスワイプして表示できる「アプリ管理画面」（P022で解説）から開くことができる。あらかじめチェックしておこう。

ホームアプリについての注意点

操作の出発点となる「ホーム画面」は、複数の種類から選択できる。本書では、「かんたんホーム」やdocomo版独自の「docomo LIVE UX」は使用せず、機種オリジナルのホーム画面を用いて解説しているのでご注意いただきたい。ホーム画面は、「設定」→「アプリ」→「標準のアプリ」や「デフォルトのアプリ」にある「ホームアプリ」で変更できる。

Androidを最新状態にする

お使いのシステムは最新の状態です

Android のバージョン: 13
Android セキュリティ アップデート: 2023年4月1日

アップデートの最終確認: 13:00

> このように表示されていれば、Androidが最新版に更新済みだ

スマートフォンの基本ソフトであるAndroidは、不具合の修正や新機能の追加などを施した最新版が時々配信される。更新は「設定」→「システム」→「システムアップデート」で適用する。アップデートがあれば画面の指示に従って更新処理を進めよう。最新状態であれば「最新の状態です」と表示される。

CAUTION!

本書の記事は、Xperia 1 IV、AQUOS sense6を中心に使用し、2023年6月の情報を元に作成しています。Androidのバージョンは13を使用しています。お使いの機種や各種バージョン、通信キャリアなどの使用環境によっては、機能やアプリ、メニューの有無や名称、表示項目、操作方法が本書記載の内容と異なる場合があります。あらかじめご了承ください。また、本書掲載の操作によって生じたいかなるトラブル、損失について、著者およびスタンダーズ株式会社は一切の責任を負いません。自己責任でご利用ください。

スマートフォンの初期設定を始めよう

初期設定の項目はあとからでも変更できる

スマートフォンを利用するには、まず初期設定を済ませる必要がある。端末の購入時にショップで初期設定を済ませてしまっている場合も多いと思うが、調子が悪くなった端末を初期化すると最初からやり直すことになるので、ざっと流れを知っておこう。といっても初期設定で重要なのは、以前使っていたデバイスのデータを移行したりバックアップから復元するかどうかの選択のみ。その他の設定はあとからでも自由に変更できるので、初期設定はすべてスキップして終わらせてしまってもかまわない。スキップした項目をあとから設定する場合の操作手順は、右にまとめている。初期設定を終えたら、通知パネルにさまざまな通知が表示されるので、設定の確認やアプリの更新などを一通りすませよう。

最初からやり直すなら「データの初期化」

Wi-Fi、モバイル、Bluetooth をリセット

アプリの設定をリセット

ダウンロードされた eSIM を消去

全データを消去（出荷時リセット）

タップ

初期設定中に行う操作は「設定」アプリで個別に設定し直すことができるが、すべての設定をリセットして完全に最初からやり直したい場合は、「設定」→「システム」→「リセットオプション」→「全データを消去」を実行しよう（P092で解説）。再起動後に、次ページの手順②言語設定から初期設定をやり直すことになる。

※初期設定の画面は、AQUOS sense6のものになります。機種によって画面や手順が異なる場合がありますので、あらかじめご了承ください。

スマートフォンの初期設定の流れ

1 Wi-Fi接続設定
Wi-Fiに接続が可能なら、ここで接続設定を済ませておこう。この画面が表示されなくても、あとから「設定」→「ネットワークとインターネット」→「Wi-Fiとモバイルネットワーク」で接続することができる。

あとから設定する 設定 → ネットワークとインターネット → Wi-Fiとモバイルネットワーク

2 Googleアカウントの設定
Playストアなどの利用に必須となるGoogleアカウントを作成、または既存のアカウントでログインする。別のAndroid端末やiPhone、クラウドのバックアップデータから復元することもできる。

あとから設定する 設定 → パスワードとアカウント → アカウントを追加 → Google

3 端末保護機能と生体認証の設定
端末を他人に無断で使われないよう、ロックNo.／パターン／パスワードで画面ロックを設定する。また顔や指紋を登録しておけば、生体認証で画面ロックを解除できるようになる。

あとから設定する 設定 → セキュリティ

4 ホーム画面の選択
機種によっては、初期設定中に端末メーカーやキャリア独自のホーム画面を選択できる場合がある。

あとから設定する 設定 → ホーム切替（設定→アプリ→標準のアプリ→ホームアプリの場合もあり）

5 キャリアサービスの初期設定
本体の初期設定終了後に、docomoのスマートフォンはキャリアサービスやアプリを利用するための設定画面が起動する。

あとから設定する 設定 → ドコモのサービス/クラウド　で個別に設定（docomoのみ）

初期設定が終わったら確認すること

通知パネルを開く

ステータスバーを下にドラッグ

初期設定を終えると、さまざまな通知が表示される。通知内容を確認するには、ステータスバーを下にドラッグして通知パネルを開けばよい。

通知内容の確認と消去

通知をタップして関連するアプリや設定を起動

通知をタップすると、その通知に関連する設定やアプリが表示される。通知を左右にスワイプで消去できる。

ダークモード　をオフに
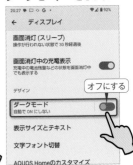
オフにする

背景が黒基調のダークテーマに設定されている場合は、「設定」→「ディスプレイ」→「ダークモード」をオフにすることで、白基調の画面に戻せる。

電源を入れる前に気になるポイントを確認

初期設定中にかかってきた電話に出られる?

初期設定中でも、かかってきた電話にも応答できる。また着信履歴も残る。(※AQUOS sense6で確認。機種やキャリアによって動作が異なる場合があります。)

microSDカードは必要?

機種によっては、microSDカードでメモリを増やすことができる。音楽や動画、写真は後からでもmicroSDへ転送できるので、容量が足りなくなったら購入すればよい。

電波状況が悪いけど大丈夫?

電波が圏外でも、初期設定自体は問題なく進められる。アカウント登録やアプリのインストールなど、データ通信が必要な設定はできないが、Wi-Fiに接続済みであればこれらの設定も可能だ。

Wi-Fiの設置は必須?

契約プランにもよるがモバイルデータ通信は一定の通信量を超えると規制がかかり、通信速度がいちじるしく低下するため、通信量を気にせず利用できるWi-Fiはできれば設置したい。また、通常はWi-Fiの方が高速にネットを利用できる。

バッテリーが残り少ないけど大丈夫?

初期設定の途中で電源が切れるとまた最初から設定し直すことになるので、バッテリー残量が少ないなら、充電ケーブルを接続しながら操作したほうが安心だ。

とにかく今すぐに使い始めたい

右下の「次へ」をタップして、すべてのステップを飛ばせばOK。P006で解説しているように、あとからでも「設定」アプリなどで各項目を設定できる。

1 電源をオンにする

2～3秒押す

電源がオフの状態なら、まずは本体側面にある電源キーを2～3秒押そう。電源がオンになり、画面が表示される。

Point

前の画面に戻って操作をやり直す

バックキーがない場合は、左右の画面端を中央に向けてスワイプし、「<」マークが表示されたら指を離す

一度済ませた設定を戻ってやり直したい場合は、下部に◀のバックキーが表示されているならバックキーをタップ。表示されていないなら左右の画面端を中央に向けてスワイプすれば、ひとつ前の画面に戻る。

画面がスリープしたら電源キーを押す

押す

しばらく操作していないとスリープ状態になり画面が真っ暗になるが、電源キーを一度押せばすぐにスリープが解除され、元の設定画面が表示される。

2 言語を確認して「開始する」をタップ

「ようこそ」という画面が表示されるので、言語が「日本語」になっていることを確認したら、「開始」をタップしよう。

Point

ホーム画面が表示される場合は

電源を入れた際にこのようなホーム画面が表示される場合は、すでにショップなどで初期設定を済ませているはずだ。次ページからの手順は必要ない。初期設定の進め方や機種によって、ホーム画面のデザインは異なる。

5G 97%

ようこそ

🌐 日本語 (日本)

👁 視覚補助

緊急通報　タップして初期設定開始　開始

言語が違う場合は、ここをタップして「日本語」を選択

次ページへ

3
Wi-Fi接続を設定する

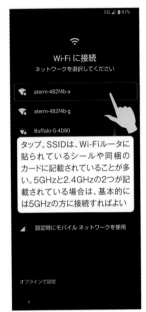

タップ。SSIDは、Wi-Fiルータに貼られているシールや同梱のカードに記載されていることが多い。5GHzと2.4GHzの2つが記載されている場合は、基本的には5GHzの方に接続すればよい

接続可能なWi-Fiのアクセスポイントが表示される。Wi-Fiを設置済みであれば、自宅や職場のSSIDをタップしよう。Wi-Fiがなければ、下部の「設定時にモバイルネットワークを使用する」をタップ。

Wi-Fi接続のパスワードを入力したら、「接続」をタップ。接続の確認が済むまでしばらく待とう。接続が完了したら、自動的に次の画面に進む。

4
新規端末として セットアップする

新規端末としてセットアップするなら、この画面で「コピーしない」をタップしよう。他の機種やクラウドから、アプリとデータをコピーしたい場合は、「次へ」をタップしてそれぞれの手順へ。

Point
アプリとデータを コピーする場合は

タップしてGoogleアカウントのバックアップから復元

タップして以前のAndroidスマートフォンやiPhoneからデータを移行

「次へ」をタップすると、以前に使っていたAndroidスマートフォンやiPhoneからデータを引き継いだり、クラウド(Googleアカウントのバックアップ)から復元できる。

Point
クラウド(Googleアカウントのバックアップ)から復元する

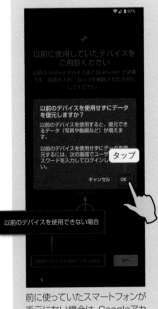

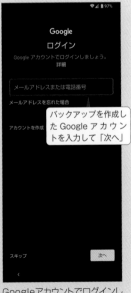

バックアップを作成したGoogleアカウントを入力して「次へ」

前に使っていたスマートフォンが手元にない場合は、Googleアカウントでバックアップしたデータから復元しよう。まず「以前のデバイスを使用できない場合」→「OK」をタップ。

Googleアカウントでログインし、「次へ」をタップして操作を進めていくと、バックアップデータを選択して、アプリや通話履歴、端末の設定などを復元することができる。

Point
ケーブルで接続してデータを移行する

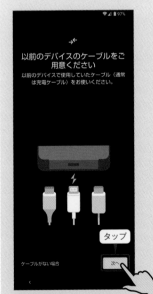

前に使っていたスマートフォンが手元にあるなら、「ケーブルをご用意ください」といった画面の指示に従い「次へ」をタップし、新しいスマートフォンと以前のスマートフォンをケーブルで接続する。

双方のスマートフォンをケーブルで接続したら、以前のスマートフォンに表示される画面で「コピー」をタップ。データを新しいスマートフォンに移行しよう。

ケーブルを使わずにデータを移行する

以前のスマートフォンやiPhone
と接続するためのケーブルがな
い場合は、「以前のデバイスの
ケーブルをご用意ください」画面
で、「ケーブルがない場合」をタッ
プしよう。

データを移行したいデバイスが
Androidスマートフォンならその
まま「次へ」をタップ。iPhoneや
iPadから移行するなら「iPhone
/iPadから切り替えますか?」を
タップする。

Androidスマートフォンからデー
タを移行する場合は、この画面
が表示された時点で以前のス
マートフォンに通知が届くので、
通知の「デバイスのセットアップ」
をタップして設定を進める。

iPhoneやiPadからデータを移
行する場合は、Googleアカウント
のログインなどを済ませるとQR
コードが表示されるので、これを
iPhoneやiPadのカメラでスキャ
ンし、「Androidに移行」アプリを
入手してデータの移行を進める。

5 「アカウントを作成」をタップする

Googleアカウントでログインする

6 Googleアカウントを新規登録する

次ページへ

Googleアカウントをまだ持っていな
い場合は、「アカウントを作成」→「自
分用」をタップしよう。すでにGoogle
アカウントを使っている場合は、右の
POINTの通りにログインして手順⑨
に進めばよい。

Googleアカウントをすでに持っ
ているなら、新規作成する必要は
ない。「メールアドレスまたは電話
番号」欄にGmailアドレスを入力
して「次へ」をタップ、続けてパス
ワードも入力してログインしよう。

まずは姓名や生年月日、性別を入力し
よう。Googleの各種サービスで表示
される名前で、本名である必要はな
い。名前はあとからでも、「設定」→
「Google」→「Googleアカウントの
管理」で変更できる。

ランダムに生成されたGmailアドレス
を選択するか、または「自分でGmail
アドレスを作成」にチェックして好きな
アドレスを入力しよう。すでに使われ
ているユーザー名は使用できない。

7 パスワードの設定と電話番号の追加

使用できるユーザー名を入力したら、続いてパスワードの入力画面になる。「パスワードを作成」に8文字以上のパスワードを入力し、「次へ」をタップしよう。

Googleアカウントのパスワードを忘れてしまった場合に備え、再設定用の電話番号を登録しておこう。「はい、追加します」をタップすれば、この端末の電話番号がGoogleアカウントに紐付けられる。

8 利用規約に同意しアカウントを作成

作成されたメールアドレスを確認して「次へ」をタップすれば、Googleアカウントの作成は完了。続けて利用規約の画面を下にスクロールし、表示される「同意する」ボタンをタップしよう。

9 Googleサービスで有効にする機能を確認

続いてアプリやデータをバックアップすることを許可するかなど、Googleサービスが利用する機能について確認を求められるので、一通り確認したら「同意する」をタップしよう。

10 生体認証と画面ロックを設定する①

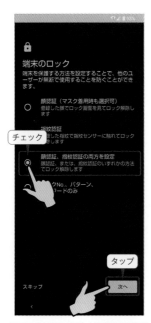

スマートフォンを他人に無断で使用されないよう、生体認証やロックNo.で画面をロックしておこう。ここでは「顔認証、指紋認証の両方を設定」を選択して、「次へ」をタップ。

生体認証を登録するには、ロックNo.など予備の画面ロックの登録も必要となる。他の画面ロック方法を選択したい場合は、「画面ロックの方法」をタップ。ここでは「パターン」を選択する。

最低4つのドットを一筆書きでなぞって、ロック解除のパターンを登録しよう。パターンを入力したら「次へ」をタップし、同じパターンを再入力して「確認」をタップする。

顔認証によるロック解除を登録する。「持ち上げると画面点灯する機能を有効にする」にチェックして「次へ」をタップし、顔の登録前の注意点を確認して「OK」をタップ。

11 生体認証と画面ロックを設定する②

画面内のガイドに顔を合わせて顔データを登録し、ロック画面の解除タイミングを選択する。「見るだけですぐ」にチェックすれば、画面点灯してすぐに顔認証でロック解除できる。

続けて指紋によるロック解除も登録しよう。「同意する」をタップし、指紋認証センサーの位置を確認したら「次へ」をタップ。

指紋認証センサーに指を当て、振動したら指を離すという操作を何度か繰り返すと、指紋の登録が完了する。「次へ」をタップしよう。

12 セットアップを続行する

初期設定を続けるか聞かれるので、「続行」をタップ。「中断し、リマインダーを受け取る」をタップすると、一旦中断して、後で完了するようにリマインダーを受け取ることもできる。

13 Googleアシスタントを有効にする

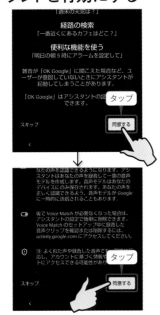

Googleアシスタントの設定を行う。アシスタントの機能を確認して「同意する」をタップし、続けてアシスタントが声を認識できるようにVoice Matchの「同意する」をタップ。

14 「Ok Google」で自分の声を登録

画面に表示された「Ok Google、明日の天気は?」といった例文を発声して、自分の声を認識させよう。いくつか例文を読み上げると自分の声の登録が完了する。

15 その他の項目の設定をスキップ

Google Payへのカード追加などの項目は「次へ」で飛ばしても問題ない。最後の「さらに設定を続けますか?」の各項目もあとから設定できるので、「いいえ」をタップしよう。

16 すべての初期設定が終了

以上で初期設定が完了し、ホーム画面が表示される。P006で解説しているように、通知の内容を確認したり、スキップした項目を「設定」アプリから設定しておこう。

スマートフォンに必須の Googleアカウントを理解する

スマートフォンでは Googleアカウント は必要不可欠

初期設定中（P006から解説）に登録を求められる「Googleアカウント」は、Googleのサービスを利用するのに必要なアカウントだ。Googleのサービスには、アプリを入手するための「Playストア」や、端末データのバックアップ、復元機能も含まれるので、スマートフォンを利用するのに必須のアカウントと言っていい。初期設定中に追加していないなら、「設定」→「パスワードとアカウント」→「アカウントを追加」で「Google」を選択して追加しておこう。なお、docomoの機種は、初期設定の終了後に「dアカウント」の登録を求められることがあるが、これはdocomoのサービスを利用するのに必要なもので、サービスを使わないなら設定をスキップしても特に問題はない。

アプリのインストール に必須のアカウント

スマートフォンにアプリをインストールするには、「Playストア」というアプリストアを利用する。このPlayストアの利用に必須なのがGoogleアカウントだ。有料アプリの購入履歴もアカウントに記録されるので、機種変更した際も同じアカウントを使えば無料でインストールし直せる。

スマートフォンにGoogleアカウントを追加していれば、Playストアからさまざまなアプリをインストールして利用できるようになる。

機種変更しても同じGoogleアカウントを使えば、購入済みの有料アプリはインストールボタンに価格が表示されず、無料で再インストールできる。

アカウント＝Gmailアドレス
↓
aoyama1982@gmail.com

Googleアカウント名が、そのままGmailのアドレスになる。@以前の文字列は自由に設定できるが、一般的な名称はすでに他のユーザーに使われているので、自分の名前などをアドレスにするのは難しい。名前+数字にするなどの工夫が必要だ。

Google アカウントを 取得するには

Googleアカウントを新規取得するには、まず「設定」→「パスワードとアカウント」→「アカウントを追加」をタップ。続けて「Google」をタップする。

「アカウントを作成」→「自分用」をタップし、必要な情報を入力していこう。初期設定中でも作成でき、詳しい手順はP006で解説している。

Googleアカウントの 設定を変更する

Googleアカウントのアクセス履歴を確認したり、パスワードや支払い情報を変更するには、「設定」→「Google」→「Googleアカウントの管理」をタップすればよい（P080で解説）。また、Googleアカウントはさまざまな履歴データを自動的に収集、記録しているので、どんな情報が保存されているか一度確認しておくのがおすすめだ。

Googleアカウントの 管理画面を開く

Googleアカウントの設定は、「設定」→「Google」→「Googleアカウントの管理」で管理できる。保存されている履歴データも確認しておこう。

複数のGoogleアカウントを 追加して使い分ける

Googleアカウントは複数作成できるし、1台のスマートフォンに複数のGoogleアカウントを追加して使い分けることも可能だ。上記の通り「設定」→「パスワードとアカウント」→「アカウントを追加」→「Google」をタップし、別のGoogleアカウントでログインすればよい。アカウントの切り替えはアプリ側で行う。

Googleアカウントを 切り替える方法

GmailやPlayストアなどのGoogleアプリを起動して、アカウントボタンをタップしてメニューを開くと、追加した別のGoogleアカウントに切り替えできる。

Googleアカウントでできること

さまざまな機器と同期できる

同じGoogleアカウントで、他のAndroidスマートフォンやタブレット、iPhone／iPad、パソコンなどにログインすれば、すべてのデバイスで同じ連絡先、メール、カレンダー、ブラウザのブックマークなどを利用することができる。

データをバックアップ・復元できる

設定の「システム」→「バックアップ」→「Google Oneバックアップ」をオンにしておけば、端末を初期化したり機種変更した際に、同じGoogleアカウントを登録するだけで、端末の設定やインストール済みアプリが復元される。

紛失した端末を探し出せる

P095で詳しく解説するが、端末にGoogleアカウントを追加しておけば、万一端末を紛失しても、「デバイスを探す」機能を使って、他の端末やパソコンから紛失した端末の現在地を確認することができる。

連絡先をクラウドに保存できる

スマートフォンで作成した連絡先はGoogleアカウントに保存され、機種変更した際も同じGoogleアカウントを使うだけで復元できる。docomoの端末は、連絡先の保存先がdocomoアカウントになっている場合があるので、設定を変更しておこう（P042で解説）。

各種サービスのログインに使う

Google以外のアプリやサービスを利用する際に、新しくユーザー登録しなくても、Googleのアカウントとパスワードを使ってログインできる場合がある。Googleアカウントを使ってログインしたサービスは、「Googleアカウントの管理」で確認しよう。

例えば Dropbox などの定番サービスでも、Google アカウントを使ってログインすれば、ユーザー登録なしに利用開始できる

Googleアカウントで同期する項目の確認

「設定」→「パスワードとアカウント」でGoogleアカウント名を選択し「アカウントの同期」をタップすると、同期する項目を確認できる。連絡先などが表示されない時は、スイッチがオフになっていないか確認しよう。

Googleの便利なアプリやサービスを利用できる

 Gmail →P044

メール検索、迷惑メール排除、ラベル／フィルタ機能などが強力な、Googleの無料メールサービス。プリインストールされているGmailアプリを起動すればすぐに利用できる。

 Chrome →P052

Google製のWebブラウザ。アプリの設定でGoogleアカウントにログインすれば、同じアカウントでログインしている他のChromeと、ブックマークや開いているタブを同期できる。

 フォト →P066

スマートフォンで撮影した写真や動画の管理アプリ。「バックアップと同期」を有効にすると、撮影した写真や動画は自動的にクラウド上にアップロードされ、他のデバイスからも見ることができる。

31 カレンダー →P072

Google製のカレンダーアプリ。端末にGoogleアカウントを追加していれば、起動するだけで、予定が同期される。カレンダーで登録した予定も、すぐにGoogleカレンダーに反映される。

 Google ドライブ

さまざまなファイルをアップロードして、他のデバイスと同期できるオンラインストレージ。また、オフィス文書の閲覧・編集機能を備え、複数ユーザーで共同編集もできる。

Googleアカウントでバックアップ&復元する

バックアップ設定とバックアップデータの確認

バックアップ設定をオンにしておく

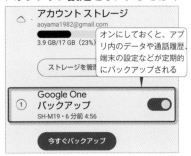

「設定」→「システム」→「バックアップ」で、「Google Oneバックアップ」がオンになっていることを確認しよう。これで、アプリデータや端末の設定が定期的にバックアップされるようになる。

バックアップ先のアカウントを確認

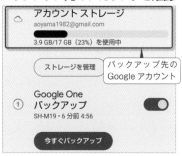

「アカウントストレージ」に表示されているアカウントが、このデバイスのバックアップ先アカウントになる。タップして他のアカウントを追加し、バックアップ先を切り替えることも可能だ。

バックアップデータを確認する

バックアップされたデータは、Googleドライブアプリのメニューで「バックアップ」をタップすれば確認できる。ただし、端末を2週間使わなかった場合、バックアップデータは2ヶ月後に削除されるので注意しよう。

クラウド上のデータはバックアップ不要

クラウドに保存されているもの

「設定」→「パスワードとアカウント」でGoogleアカウントを選択し、「アカウントの同期」をタップ。ここでスイッチをオンにしたGmailやカレンダー、ドライブ、連絡先などのデータは、クラウド上に自動で保存（同期）される

Gmailや連絡先、カレンダーなどのデータはクラウドに自動で保存されるので、バックアップは不要。機種変更の際は同じGoogleアカウントでログインするだけで復元される。

フォトは自動バックアップ設定が必要

Googleアカウントの空き容量が足りないとバックアップできなくなるので注意しよう

撮影した写真や動画は標準だとクラウドに保存されないが、「フォト」アプリで「バックアップ」を有効にすれば（P066で解説）、クラウドに自動バックアップされる。

Webブラウザからもアクセスできる

Gmailの場合はhttps://mail.google.com/にアクセス

データ自体がクラウド上にあるので、Gmailや連絡先、カレンダー、ドライブなどは、Webブラウザからアクセスしてスマートフォンと同じデータを利用できる。

その他必要なファイルはパソコンにコピー

自動バックアップできないファイルは、パソコンにコピーしておこう。Windowsの場合は、パソコンとUSB接続して、通知パネルからUSB接続通知を開き、「ファイル転送」をタップ。Macの場合は、専用の転送ソフト「Android File Transfer」を利用する。

バックアップデータから復元するには

1 アプリとデータのコピーで「次へ」

端末の調子が悪い時は、P092の解説の通り一度端末を初期化してみよう。初期化が済んだら、P006からの手順に従い、「アプリとデータのコピー」画面で「次へ」をタップする。

2 以前のデバイスを使用できない場合をタップ

この端末のバックアップデータから復元したいので、「以前のデバイスを使用できない場合」をタップする。

3 Googleアカウントでログインする

Googleアカウントを入力し「次へ」をタップ。続けてパスワードを入力し、2段階認証を設定している場合はログイン方法を選んで認証を済ませる。

4 復元するバックアップを選択する

設定を進めていくと、このGoogleアカウントのバックアップデータが一覧表示されるので、復元したいデータをタップしよう。復元するアプリなども個別に選択できる。

スマートフォン スタートガイド

スマートフォンを手にしたらまずは覚えたい
ボタンやタッチパネルの操作、画面の見方、
文字の入力方法など、基本中の基本を総まとめ。

SECTION

1

スマートフォン本体の各種機能を覚えよう

本体に備わるボタンや スロットの名称と操作法

まずはスマートフォンに備わるボタンをはじめとした各部名称と機能、操作法を覚えよう。すべての機種に共通するのが電源キーと音量キーの2つのキー（ボタン）。文字通り電源のオン／オフと音量の調整を行える。機種によっては、この2つ以外の特別なキーが備わっている場合もある。また、充電やデータ転送用ケーブルを接続するコネクタや、イヤホンジャック、SIMカードやSDカードを挿入するスロットもほとんどの機種に共通して搭載されている。

主なボタンや端子の名称（写真はXperia 1 Ⅳ ※一部除く）

イヤホンジャックが搭載されている場合

本体上部や下部にイヤホンジャックが搭載されている場合は、イヤホンやヘッドホン、ヘッドセットを接続できる。イヤホンジャック非搭載の機種は、USB-Cコネクタで接続する。

**SIMカード／
SDカードスロット**

本体の側面や底面に備わっているSIMカード／SDカードスロット。トレイを引き出すと通信キャリアのSIMカードがセットされている。SIMフリー機種の場合は、契約したSIMカードをここにセットする。また、SDカードをセットしてメモリを増やすこともできる。

USBコネクタ

充電やデータ転送を行うためのケーブルを接続するコネクタ。現在発売されているスマートフォンでは、USB Type-Cが採用されている。イヤホンやヘッドホンをここに接続する機種もある。

音量キー

音楽や動画など、メディアの音量をコントロールできるキー。一部の機種を除き着信音や通知音の音量をこのキーで調整することはできない。

電源キー

電源のオン／オフやスリープ／スリープ解除を行うキー。Xperiaなどの場合、電源キーに指紋センサーも搭載されており、ロック解除時などの認証に利用できる。

機種固有のキー

機種固有のボタンを搭載している場合もある。例えばXperiaシリーズでは、カメラの起動やシャッターとして使える「カメラキー」が備わっている。

P O I N T　有線イヤホンを使いたい場合は

スマートフォンで有線のイヤホン、ヘッドフォンを使いたい場合、3.5mmイヤホンジャックやUSB-Cコネクタに対応製品を接続する。ただし、3.5mmイヤホンジャックを備えていないスマートフォンで、3.5mmミニプラグのイヤホンを使いたい場合は、右のような変換アダプタが必要。なお、ワイヤレスの製品ならすべてBluetoothで接続可能だ。

**Anker
USB-C & 3.5 mm
オーディオアダプタ**
価格／¥1,690（税込）

主なボタンの操作方法

電源キー

基本的には本体側面に配置されている電源キー。電源のオン／オフと画面のスリープ／スリープ解除を行える。また、電源キーを素早く2回押すことでカメラを起動できる機種もある。

POINT　電源オフとスリープの違い

電源オフは、電話やメールなどの通信機能をはじめ、おサイフケータイを除く全機能を無効にした状態で、バッテリーはほとんど消費されない。一方スリープは、画面を消灯しただけの状態で、電話やメールの着信をはじめとする通信機能や多くのアプリの動作はそのまま実行される。電源オフとは異なり、すぐに画面を点灯させて操作を開始できるので、特別な事情がない限り使わないときも電源をオフにせずスリープにしておけばよい。

電源のオン／オフ

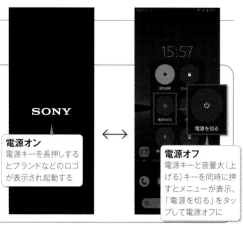

キーを一度押しても画面が表示されない時は、電源がオフになっている。キーを数秒間長押しすると電源がオンになる。電源オンの状態で電源キーと音量大（上げる）キーを同時に押すとメニューが表示され、電源オフや再起動、緊急省電力モードを選択できる。

電源オン
電源キーを長押しするとブランドなどのロゴが表示され起動する

電源オフ
電源キーと音量大（上げる）キーを同時に押すとメニューが表示。「電源を切る」をタップして電源オフに

スリープ／スリープ解除

画面が表示されている状態で電源キーを一度押すと、画面がロックされスリープ（消灯）状態になる。使わない時はこまめにスリープさせるとバッテリーの消費を抑えられる。スリープ（消灯）時にキーを押すと、ロック画面が表示される。

スリープ解除
画面が消灯したスリープ時に電源キーを押すと、スリープが解除されロック画面が表示される

スリープ
起動自に電源キーを押すと画面が消灯しスリープする

音量キー

本体側面の音量キーで音楽や動画など、メディアの音量を調整できる。このキーでは、着信音や通知音の音量は操作できないので注意しよう。キーを押すと操作パネルが表示され、スライダーを指で操作して音量を調整することもできる。また、ベルボタンで着信音や通知音を消音するマナーモードに切り替えることも可能。下の「…」ボタンをタップすれば、各種音量を個別に調整できる。

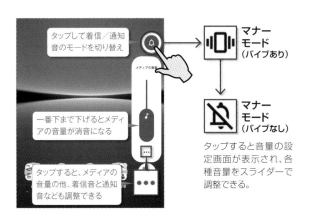

タップして着信／通知音のモードを切り替え

一番下まで下げるとメディアの音量が消音になる

タップすると、メディアの音量の他、着信音と通知音なども調整できる

マナーモード（バイブあり）

マナーモード（バイブなし）

タップすると音量の設定画面が表示され、各種音量をスライダーで調整できる。

POINT　ロック画面について理解しておこう

ロック画面を上へスワイプ。機種によってはこの画面で指紋センサーに指を当てることでロックを解除できる

指紋センサーに指を当てたり、パスワードを入力してロックを解除する

電源オンもしくはスリープ解除時は、まずこのような「ロック画面」が表示される。時刻や日付の他、設定によっては電話の着信やメールやLINEの受信などを知らせる通知も表示される。画面を上へスワイプしてロックを解除し、スマートフォンを使い始めよう。また、不正利用されないよう、ロック画面にはパスワードや指紋認証、顔認証などのセキュリティをしっかり設定しておこう。

スマートフォンを操る基本中のキホンを覚えよう

システムナビゲーションと
タッチ操作の基本動作

前ページで解説した電源キーや音量キー以外のほとんどの操作は、タッチパネルに指で触れて行う。中でも基本となるのが、ホーム画面やひとつ前の画面に戻るなどの操作を行う「システムナビゲーション」だ。また、タッチパネルは単純にタッチするだけではなく、画面をなぞったりはじいたり2本指を使ったりしてさまざまな操作を実行する。それぞれ操作名が付いており、本書ではその操作名を使って手順を解説しているので、しっかり覚えておこう。

システムナビゲーションの操作法

システムナビゲーションは2種類の方法がある

システムナビゲーションの操作法は多くの機種で2種類用意されている。ほとんどの機種の標準ナビゲーションとして設定されている「ジェスチャーナビゲーション」と旧来の「3ボタンナビゲーション」だ。使いやすい方を設定しよう。

ジェスチャーナビゲーション…ボタンをなくして画面を広く使える最新の操作法

1 上へスワイプ
ホーム画面に戻る
画面の下端から上へスワイプすると、操作の出発点となるホーム画面に戻ることができる。なお、ホーム画面のページを切り替えている場合は、この操作で1ページ目に戻ることができる。

2 中央へスワイプ
ひとつ前の画面に戻る
画面の左端もしくは右端から中央へスワイプすると、ひとつ前の画面に戻ることができる。Chromeで前のページに戻ったり、設定ではひとつ前のメニューに戻ることができる。

3 スワイプして止める
アプリ履歴を表示
画面下端から上へスワイプし途中で止めると「アプリ履歴」が表示される。最近使ったアプリの履歴が画像で一覧でき、タップして素早く起動できる。

POINT

システムナビゲーションの切り替え方法

システムナビゲーションの操作法は、「設定」→「システム」の「操作」や「ジェスチャー」にある「システムナビゲーション」で変更できる。

タップして設定しよう。標準でどちらに設定されているかは機種によって異なる。

3ボタンナビゲーション…ボタンをタップする旧来のわかりやすい操作法

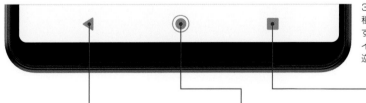

3ボタンナビゲーションの各ボタン。機種によってはホームボタンが表示されず、中央のスペースをタップするスタイルや、バックとアプリ履歴のボタンが逆に配置されている場合もある。

バックボタン
ひとつ前の画面に戻る
タップするとひとつ前の画面に戻ることができる。Chromeで前のページに戻ったり、設定ではひとつ前のメニューに戻ることができる。

ホームボタン
ホーム画面に戻る
タップすると、どんな画面を表示していても操作の出発点となるホーム画面へ戻ることが可能。アプリでの作業が終了した際や、操作がわからなくなった時は、ひとまずホーム画面に戻るとよい。

アプリ履歴ボタン
アプリの使用履歴を表示
タップすると「アプリ履歴」が表示される。最近使ったアプリのの履歴が画像で一覧でき、タップして素早く起動できる。

タッチパネルの操作方法

スマートフォンを操るための7つの必須操作

ここで解説する7つの動きを覚えておけば、スマートフォンのほとんどすべての操作を行うことができる。また、それぞれの動作には名前が付いており、本書ではその操作名を使って手順を解説している。すべて覚えておこう。

タッチ操作 1
タップ

トンッと軽くタッチ

画面を1本指で軽くタッチする操作。ホーム画面でアプリを起動したり、画面上のボタンやメニューの選択、キーボードでの文字入力などを行う基本中の基本操作。

> ホーム画面でアイコンを軽く1回タッチするとアプリが起動す

タッチ操作 2
ロングタップ

1～2秒タッチし続ける

画面を約1～2秒間タッチしたままにする操作。ホーム画面でアプリをロングタップした後、移動させたり、メールなどの文章をロングタップして文字を選択可能。

> アプリをロングタップするとメニューが表示され、一部機能を素早く利用できる

タッチ操作 3
スワイプ

画面を指でなぞる

画面をさまざまな方向へ「なぞる」操作。ホーム画面を左右にスワイプしてページを切り替えたり、マップの表示エリアを移動する際など、頻繁に使用する操作法。

> ホーム画面を左右にスワイプしてページを切り替えられる

タッチ操作 4
フリック

タッチしてはじく

画面をタッチしてそのまま「はじく」操作。「スワイプ」とは異なり、はじく強さの加減よって、勢いを付けた画面操作が可能。ゲームなどでよく使用する操作法だ。

> Twitterで画面を上方向へはじくと、強さに合わせた勢いで下へスクロールする

タッチ操作 5
ドラッグ

押さえたまま動かす

画面上のアイコンなどを押さえたまま、指を離さず動かす操作。ホーム画面でアプリをロングタップし、そのまま動かせば、位置を変更可能。文章の選択にも使用する。

> アプリをロングタップしたまま指を動かすと、位置を変更できる

タッチ操作 6
ピンチアウト／ ピンチイン

2本指を広げる／狭める

画面を2本の指（基本的には人差し指と親指）でタッチし、指の間を広げたり（ピンチアウト）狭めたり（ピンチイン）する操作法。主に画面の拡大／縮小で使用。

> 写真やマップ上で、指を広げると拡大表示される。狭めると表示が縮小される

タッチ操作 7
ダブルタップ

素早く2回タッチする

タップを2回連続して行う操作。素早く行わないと、通常の「タップ」と認識されることがある。画面の拡大や縮小表示に利用する以外は、あまり使わない操作だ。

> マップやアルバムで画面を軽く2回連続タッチすると、画面が拡大される

特殊なタッチ操作
2本指で回転

画面をひねるように操作

マップなどの画面を2本指でタッチし、そのままひねって回転させると、表示を好きな角度に回転させることができる。ノートなどのアプリでも使える場合がある。

> マップを2本指でタッチし、ひねって回転させると、自由な方向へ回転できる

操作の出発点となる基本画面を理解しよう

ホーム画面のしくみと
アプリの操作方法

スマートフォンの操作の出発点となるのが「ホーム画面」だ。よく使うアプリを配置しておき、タップして起動するのが基本的な操作法だ。また、ウィジェットというパネル状のツールを配置して、情報を表示したりさまざまな操作を行うこともできる。画面に大きく表示されている時計もウィジェットのひとつだ。ここでは、スマートフォンを操作する上で基本中の基本となるホーム画面の仕組みとアプリの起動方法を確認しておこう。

ホーム画面の基本構成を把握しておこう

ホーム画面は複数のページで構成される

「ホーム画面」は、スマートフォンの最も基本的な画面で、よく利用するアプリやウィジェットを登録しておき、素早く起動して利用したり、情報の確認やさまざまな操作を行える。P016で解説した操作法で、いつでもこの画面に戻ることができる。使用中のアプリを終了する時も、同じ操作を行ってホーム画面に戻るだけでOKだ。

ホーム画面は縦○枠×横○枠（数は機種によって異なる）のエリアを持つ画面が複数用意されており、左右にスワイプして切り替えて利用する。枠の数だけアプリやフォルダを配置可能だ。また、一番下の一列を「ドック」と呼び、画面を切り替えても固定された状態で表示される。最も頻繁に使うアプリを登録しておくと便利だ。ホーム画面にはあらかじめアプリやウィジェットが配置されているが、削除や移動、並べ替え、新たなアプリの追加は自由に行える（P022〜023で解説）。

ウィジェット
情報を表示したり、アプリの機能を呼び出すパネル型ツール。最初から表示されている時計もウィジェットのひとつだ。

複数の画面を切り替えて利用
ホーム画面は左右にスワイプして、複数の画面を利用できる。使用頻度や用途別にアプリやウィジェットを振り分けておこう。画面の数は増やすことができる。ジェスチャーナビゲーションでは、画面下端から上へスワイプすると、1ページ目に戻ることができる。3ボタンナビゲーションでは、ホームボタンをタップして1ページ目に戻る。

特別な画面
機種によっては、ホーム画面を右へスワイプし、一番左の画面を表示すると「Google」アプリの画面が表示され、ニュースをはじめ自分に必要と判断された情報を確認できる。

アプリはフォルダ（P032で解説）にまとめることもできる。また、画面内に「Google検索バー」が配置されていることも多く（この画面では一番下に配置）、素早くGoogle検索を行うことができる（P036で解説）

一番右のページでアプリやウィジェットを画面右端へドラッグすれば、新しいページを追加できる

ドックは固定表示
この部分を「ドック」と呼び、画面を左右に切り替えても固定された状態で表示される。ドックのアプリは好きなものに入れ替えられる。

上にスワイプかホームボタンをタップ
どんなアプリの画面を開いていても、上にスワイプ（ジェスチャーナビゲーション）かホームボタンをタップ（3ボタンナビゲーション）すれば、このホーム画面に戻ることができる。

アプリ
アイコンをタップして起動する。標準では、Googleやメーカー、通信キャリアのアプリが配置されている。

ホーム画面のアプリを操作する

1 利用したいアプリの アイコンをタップする

ホーム画面にあるアプリをタップすると、その アプリが起動する。例えばインターネットで Webサイトを見たい場合は、Chrome（上の画 像のアイコン）をタップしよう。パソコンと同じ ようなWebブラウザが利用できる。

2 即座にアプリが起動し さまざまな機能を利用可能

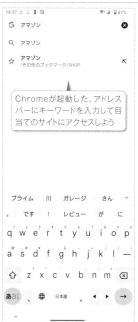

即座にアプリが起動して、さまざまな機能を利 用できる。Chromeなら、アドレスバーにキー ワードを入力してGoogle検索を行うか、直接 URLを入力してWebサイトへアクセス可能 （文字入力の方法はP026以降で解説）。

3 利用中のアプリを 終了する

アプリを終了するには、画面下端から上へスワ イプするかホームボタンをタップしてホーム画 面に戻ればよい。多くのアプリは、再び起動し た際も終了した時点の画面から操作を再開で きる。

4 最近使用したアプリ の履歴を表示する

画面下端から上へスワイプして途中で止める か、アプリ履歴ボタンをタップすると、アプリの 使用履歴が一覧表示される。左右にスワイプし て再度起動したいものをタップする。

5 アプリの使用履歴 を削除する

アプリの使用履歴は、画面のサムネイルを上へ フリックすることで削除できる。履歴から削除 すれば、バックグラウンドで動作しているアプリ も完全終了できる。一番左の「すべてクリア」を タップしてまとめて削除可能だ。

6 アプリを素早く 切り替える

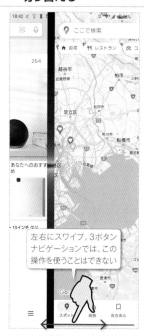

ジェスチャーナビゲーションに設定している場 合、画面下部を左右にスワイプすることで、ア プリ履歴を表示することなく使用アプリを素早 く切り替えることができる。

すべてのアプリが格納されている管理画面

アプリ管理画面の操作と
ホーム画面へのアプリ追加

スマートフォンにインストールされているすべてのアプリは、アプリ管理画面で一覧表示できる。アプリ管理画面からよく使うアプリを選んでホーム画面に配置するわけだが、ホーム画面に配置されているアプリのアイコンはショートカットのようなものだ。この仕組みをきちんと理解しておこう。アプリ管理画面は、ナビゲーションバーを上へスワイプすることで表示できる。

最初に仕組みを覚えておこう

アプリ管理画面（「ドロワー」や「ランチャー」とも呼ばれる）は、スマートフォンにインストールされているすべてのアプリを表示、確認できる画面だ。はじめからインストールされている通信キャリアやメーカーのアプリはもちろん、Playストアからインストールしたアプリもすべてここに追加されていく。そして、アプリ管理画面の中からよく使うアプリを選んで、ホーム画面に追加する仕組みだ。ホーム画面に追加されたアプリは、削除してもアプリ管理画面からいつでも再追加可能。ホーム画面のアプリはショートカットのような存在で、本体はアプリ管理画面にあることを覚えておこう。アプリ管理画面は、ホーム画面上を上へスワイプすることで表示できる。また、アプリが増えすぎて目当てのアプリが見つからない時は、アプリ名による検索機能も利用可能だ。なお、機種によってはアプリ管理画面内にフォルダを作ってアプリを整理することもできる（P032で解説）。

アプリ管理画面を表示する

ホーム画面の適当な場所（ジェスチャーナビゲーションの場合は、画面の下端以外）を上へスワイプすると、アプリ管理画面を下から引き出すことができる。

アプリ管理画面が表示された。インストール中の全アプリがここに表示される。アプリが増えた場合は、下へスクロールして表示しよう（機種によっては左へスワイプ）。ここからアプリを選んでホーム画面に追加する（右ページ参照）。もちろん、アプリ管理画面でアプリをタップして起動することもできる。

インストール中の
アプリを検索する

アプリ管理画面上部の検索ボックスで、インストール中のアプリをキーワード検索できる。検索結果をタップしてアプリを起動することも可能だ。

アプリを並べ替える

機種によっては「…」ボタンをタップして、アプリの並び順を名前順か自由な配置に変更できる。「アプリの並び順」を「カスタム」にした上、「カスタマイズ」で自由なレイアウトに変更可能。

アプリのホーム画面への追加と削除、アンインストール

1 アプリ管理画面から
ホーム画面へアプリを登録

アプリ管理画面でホーム画面へ追加したいアプリをロングタップし、ドラッグして少し移動させる。するとホーム画面への追加画面に切り替わる。

2 ホーム画面の好きな位置
にアプリを配置する

ホーム画面への追加画面になったら、そのまま好きな位置へドラッグして指を離す。画面の左右端へドラッグすると、隣のページへ移動して配置することができる。

「ホーム画面に追加」へ
ドラッグする方法もある

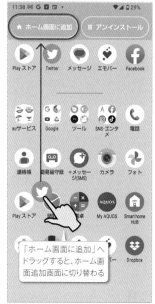

左の操作でホーム画面追加画面に切り替わらない場合は、画面上部に「ホーム画面に追加」と表示されているはずだ。アプリを「ホーム画面に追加」へドラッグしよう。

3 ホーム画面から
アプリを削除する

ホーム画面のアプリをロングタップし、画面上部の「削除」へドラッグすれば、ホーム画面からアプリを削除できる。ロングタップで表示される「ホームから削除」などを選ぶ方法もある。

4 端末からアプリを
アンインストールする

ホーム画面やアプリ管理画面でアプリをロングタップし少しドラッグ。画面上部に表示される「アンインストール」へドラッグすればアプリをアンインストールできる。ロングタップして表示されるメニューで「アンインストール」を選ぶ機種もある。

POINT ホーム画面には
簡単に再追加可能

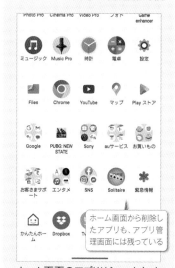

ホーム画面のアプリはショートカットのようなものなので、削除してもアプリ管理画面からすぐに再追加できる。アプリのアンインストールは、スマートフォンから削除することになるので、再追加するにはPlayストアから再度インストールする必要がある（P056で詳しく解説）。

さまざまなお知らせや本体の状態を確認

ステータスバーと通知パネル、クイック設定ツールの操作法

画面上部の時刻や電波状況が表示されている細長いエリアを「ステータスバー」と呼ぶ。ステータスバーでは、本体の状態や現在有効な機能を確認できる他、電話やメールの着信をはじめとする、アプリからのさまざまな情報を知らせるアイコンが表示される。ここでは、ステータスバーを下へ引き出して利用できる「通知パネル」と、そこから利用できる「クイック設定ツール」を合わせて解説しよう。なお、表示アイコンのデザインは機種によって異なる。

ステータスバーと通知パネルで情報を確認

ステータスバーに表示される情報は2種類ある。主に右側のエリアに表示されるのが、バッテリー残量などの情報と、Wi-Fiやアラームなど現在有効になっている機能を知らせるステータスアイコン。主に左側のエリアに表示されるのが、電話やメールの着信、登録しておいたスケジュール、アプリのアップデートなどをはじめとする、アプリからのさまざまな情報を知らせる通知アイコンだ。ここでは、標準で表示されているものを含め、一般的によく見られるアイコンを紹介。その意味を覚えておこう。

ステータスバーを下へスワイプすることで表示されるのが「通知パネル」。通知アイコンの詳しい内容が個別に表示され、タップして該当アプリを開くことができる。また、通知パネル上部には、Wi-FiやBluetoothなどのオン／オフを素早く行える「クイック設定ツール」の一部が表示されている。展開すれば、画面の明るさ調節をはじめ、さらに多くの機能を利用できる。

ステータスバーに表示される各種アイコン

通知アイコン
電話の着信、メールの受信、アプリのアップデートなどを知らせてくれるアイコン。通知パネルを開いて個別の内容を確認できる。また通知パネルで通知を消去すれば、アイコンも消える。

ステータスアイコン
バッテリー残量、電波状況の他、Wi-Fiやアラームなど有効な機能がアイコン表示される。基本的には、設定を変更しなければ表示された状態のままになる。

覚えておきたい通知アイコン

 着信中／発信中／通話中
電話の着信中、発信中、通話中に表示される。

 不在着信
出られなかった着信がある時に表示。通知パネルから直接電話をかけられる。

 留守番電話&伝言メモ
留守番電話や伝言メモが録音されている状態で表示される。

 新着メール
メールを受信した際に表示。これはGmailアプリの通知アイコン。

 SMS受信
SMS受信時に表示。通知パネルで差出人や内容の一部を確認できる。

 アプリアップデート
アプリのアップデートを通知。標準では自動更新される。

 音楽再生中
音楽を再生中に表示。通知パネルで各種操作が可能。

 Twitter
Twitterなどさまざまなアプリの通知もアイコンで表示される。

その他、アプリごとにさまざまな通知アイコンが表示される。
なお、アイコンのデザインは環境によって異なる場合がある。

覚えておきたいステータスアイコン

 データ通信の電波状況
接続しているモバイルデータ通信の電波強度を表示。

 Wi-Fi
Wi-Fiに接続中はこのアイコンが表示。電波強度も表示。

 機内モード
通信機能をオフにする機内モードがオンになっている時に表示。

マナーモード（バイブ）
着信音が無音でバイブレーションが有効な状態で表示される。

マナーモード（ミュート）
着信音が無音でバイブレーションも無効な状態で表示される。

位置情報サービス
マップなどで位置情報サービスを利用中に表示されるアイコン。

アラーム
標準の「時計」アプリでアラームを設定中に表示されるアイコン。

Wi-Fiテザリング設定中
Wi-Fiを使ったテザリング機能がオンの際に表示されるアイコン。

 データセーバー
データ通信を抑制できるデータセーバーがオンの際に表示される。

通知パネルとクイック設定ツールの使い方

ステータスバーへ指をあて下へスワイプ

電話やメールの着信をはじめ、さまざまなアプリからのお知らせをまとめて表示する「通知パネル」。ホーム画面やアプリ使用中に、ステータスバーから下方向へスワイプして引き出すことができる。通知パネルを閉じるには、通知パネルの下端から上へスワイプするか、パネル外をタップしよう。バックボタンをタップしてもよい。

クイック設定ツールで各種機能を素早く操作

通知パネル上部の「クイック設定ツール」では、Wi-FiやBluetoothなどの機能をオン／オフできる。また、下へスワイプして全体を展開すると、さらに多くのボタンや画面の明るさ調整スライダーを表示可能。さらに左へスワイプすると、すべてのボタンを表示できる。

ツールの変更

鉛筆ボタンや「編集」ボタンをタップすれば、クイック設定ツールのボタンを変更できる。よく使うツールから順に配置しよう。

通知の内容を確認、操作できる

通知パネルにそれぞれの通知の内容が表示される。項目をタップすると、該当アプリが起動してさらに詳細な内容を確認したり、さまざまな操作を行える。通知を消すには、各通知項目を左右へスワイプするか、右下のボタンをタップして全消去する。合わせて対応する通知アイコンも消去される。

よく見る通知表示や各種操作

通知を展開し詳細を確認する

各通知の「∨」をタップすると、通知項目が展開し詳細な内容を確認できる。同じアプリの複数の通知がまとまっている場合も、このボタンで個々の通知を確認できる。

不在着信や新着メッセージの確認

不在着信やSMS、メールを確認し、通知パネルから折り返すことも可能。メニューが非表示の場合は、「∨」ボタンをタップする。

クイック設定ツールで音楽を操作する

クイック設定ツールで再生や停止、曲送り／戻しの操作が可能。これは人気の音楽サブスクリプションアプリ「Spotify」で音楽を再生中の画面

音楽プレイヤーや各種サブスクリプションのアプリ使用中は、クイック設定ツールで再生コントロールを行える。

POINT 各通知表示から通知設定を開く

通知をロングタップすると設定メニューが表示される

各通知をロングタップすると、そのアプリの通知設定を変更できる。通知音やバイブレーションが動作する「デフォルト」と、動作させない「サイレント」を選べる他、「通知をOFFにする」をタップすれば、通知自体を無効にできる。さらに、右上の歯車ボタンで詳細な通知設定画面を開くことができる。

各種キーボードを使いこなそう

スマートフォンの文字入力方法を覚えよう

自分が使いやすいキー配列と入力方式を使おう

スマートフォンでは、文字入力が可能な画面内をタップすると、自動的に画面下部にソフトウェアキーボードが表示される。キー配列は、使用するキーボードアプリや設定により異なるが、多くの場合は「12キー（テンキー）」と「QWERTYキー」を切り替えて入力することが可能だ。また入力方式も、「トグル入力」「フリック入力」「ローマ字入力」などいくつか種類があるので、基本的な入力方法を覚えておこう。なお、ここでは多くのスマートフォンの標準キーボードアプリである「Gboard」の画面で解説するが、Playストアから「ATOK」など他のキーボードアプリをインストールすれば、切り替えて利用することもできる。

ソフトウェアキーボードの主なキー配列と入力方式

12キー配列タイプ

携帯電話のダイヤルキーとほぼ同じ配列のキーボード。「トグル入力」と「フリック入力」の2つの方法で文字を入力できる。

QWERTYキー配列タイプ

パソコンのキーボードとほぼ同じ配列のキーボード。キーは小さくなるが、パソコンに慣れている人はこちらの方が入力しやすいだろう。

トグル入力

にほ

な + は
な×2回　は×5回

携帯電話と同様の入力方法で、キーをタップするごとに「あ→い→う→え→お→…」と入力される文字が変わる。

フリック入力

にほ

←な + は↓

キーを上下左右にフリックした方向で、入力される文字が変わる。キーをロングタップすれば、フリック方向の文字を確認できる。

ローマ字入力

にほ

n + i + h + o

「ni」とタップすれば「に」が入力されるなど、パソコンでの入力と同じローマ字かな変換で日本語を入力できる。

Gbordでキー配列を切り替えるには

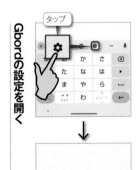

Gbordの設定を開く

タップ

キーボード上部のツールバーにある歯車ボタンをタップしてGboardの設定を開き、「言語」→「キーボードを追加」をタップする。

他のキー配列を追加する

利用するキー配列にチェック

タップ

「日本語」をタップし、利用するキー配列にチェックしたら「完了」をタップしよう。ここでは、12キーに加えてQWERTYキーを追加した。

地球儀キーでキー配列を切り替え

タップ

キーボードの地球儀キーをタップすると、12キーとQWERTYキーが切り替わる。地球儀キーをロングタップして選択してもよい。

POINT キーボードアプリ自体を切り替える

タップ

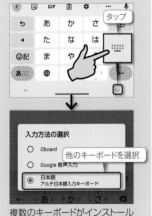

入力方法の選択
○ Gboard
○ Google 音声入力
◉ 日本語　他のキーボードを選択
　アルテ日本語入力キーボード

複数のキーボードがインストールされていると、キーボードの右下に切り替えボタンが表示される。これをタップすると他のキーボードに切り替えが可能だ。

12キー配列での文字入力
(トグル入力／フリック入力)

12キー配列で濁点や句読点を入力する方法や、英数字を入力するのに必要な入力モードの切り替えボタンも覚えておこう。Gboard以外のキーボードアプリも、同様の操作で文字入力できる。

文字を入力する

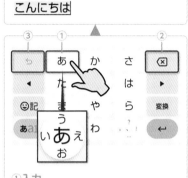

こんにちは

①入力
文字の入力キー。ロングタップするとキーが拡大表示され、フリック入力の方向も確認できる。
②削除
カーソルの左側にある文字を一字削除する。
③逆トグル／戻すキー
トグル入力時の文字が「う→い→あ」のように逆順で表示される。入力確定後は「戻す」キーとなり、未確定状態に戻すことができる。

濁点や句読点の入力

がぱぁー、。？！

①濁点／半濁点／小文字
入力した文字に「゛」や「゜」を付けたり、小さい「っ」などの小文字に変換できる。文字入力がない時は地球儀キーに変わり、キー配列を切り替える。
②長音符／波ダッシュ
「わ」行に加え、長音符「ー」と波ダッシュ「～」もこのキーで入力できる。
③句読点／疑問符／感嘆符
このキーで「、」「。」「？」「！」「…」を入力できる。

文字を変換する

①変換候補
入力した文字の予測変換候補リストが表示される。「∨」をタップするとその他の変換候補を表示できる。
②カーソル
カーソルを左右に移動して、変換する文節を選択できる。
③変換
次の候補に変換する。確定後はスペースキーになる。
④リターン
変換を確定したり改行する。

アルファベットを入力する

ABCabc

①入力モード切替
タップして「a」に合わせるとアルファベット入力モードになる。
②アットマーク／ハイフンなど
アドレスの入力によく使う記号「@」「-」「_」「/」を入力できる。また各キーとも下フリックで数字を入力できる。
③スペースキー
半角スペース(空白)を入力する。
④大文字／小文字変換
大文字／小文字に変換する。

数字や記号を入力する

123456☆¥%○+<

①入力モード切替
タップして「1」に合わせると数字入力モードになる。
②数字と記号の入力
タップすると数字を入力できるほか、フリック入力で主要な記号を入力することもできる。

絵文字や記号を入力する

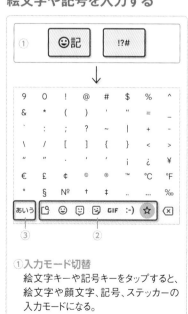

①入力モード切替
絵文字キーや記号キーをタップすると、絵文字や顔文字、記号、ステッカーの入力モードになる。
②記号や絵文字の切替
記号や絵文字の候補に切り替える。
③戻る
元の入力モードに戻る。

QWERTYキー 配列での文字入力

QWERTYキー配列はテンキーと比べ一部の キーが変わっている。シフトキーなど特殊なキー もあるので注意しよう。Gboard以外のキー ボードアプリも、同様の操作で文字入力できる。

文字を入力する

①入力
文字の入力キー。「KO」で「こ」が入力 されるなど、ローマ字かな変換で日本語 を入力できる。
②数字の入力
最上段のキーは、上にフリックすること で数字を入力できる。
③削除
カーソル左側の文字を一字削除する。

濁点や句読点の入力

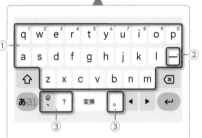

①濁点／半濁点／小文字
「GA」で「が」、「SHA」で「しゃ」など、 濁点／半濁点／小文字はローマ字か な変換で入力する。また最初に「L」を付 ければ小文字（「LA」で「ぁ」）、同じ子音 を連続入力で最初のキーが「っ」に変換 される（「TTA」で「った」）。
②長音符
このキーで長音符「ー」を入力できる。
③句読点／疑問符など
下部のキーで「、」「?」「。」などを入力。 「。」キーの長押しで感嘆符なども入力 できる。

文字を変換する

①変換候補
入力した文字の予測変換候補リストが 表示される。「∨」をタップするとその他 の変換候補を表示できる。
②変換
次の候補に変換する。確定後はスペー スキーになる。
③カーソル
カーソルを左右に移動して、変換する 文節を選択できる。
④リターン
変換を確定したり改行する。

アルファベットを入力する

①入力モード切替
タップして「a」に合わせるとアルファベッ ト入力モード。大文字／小文字への変 換は、右で解説しているシフトキーを利 用する。
②スペースキー
半角スペース（空白）を入力する。
③カンマ／ピリオドなど
「,」「.」を入力。「.」キーの長押しで 疑問符や感嘆符なども入力できる。

シフトキーの使い方

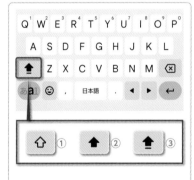

①小文字入力
シフトキーがオフの状態で英字入力する と、小文字で入力される。
②1字のみ大文字入力
シフトキーを1回タップすると、次に 入力した英字のみ大文字で入力する。
③常に大文字入力
シフトキーを2回タップすると、シフトキー がオンのまま固定され、常に大文字で 英字入力するようになる。もう一度シフト キーをタップすれば解除され、元のオフ の状態に戻る。

数字や絵文字などの入力

①数字入力モード切替
タップして「1」に合わせると、数字と主 要な記号の入力モードになる。入力画 面は12キーと同じ。
②記号や絵文字の切替
絵文字キーや記号キーをタップすると、 絵文字や顔文字、記号、ステッカーの 入力モードになる。入力画面は12キー と同じ。

入力した
文章を編集する

　入力した文章を編集するには、まず編集したい箇所にカーソルを移動しよう。文字をダブルタップ（Webブラウザのテキストなどはロングタップ）すれば選択状態になり、上部のメニューで切り取りやコピー、貼り付けができる。文字列の選択範囲は、左右に表示されるカーソルアイコンで調整できる。

カーソルの移動

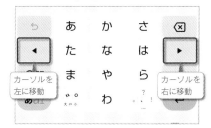

左右（QWERTYキーでは右下）のカーソルキーをタップするか、文字列内をタップすれば、タップした位置にカーソルが移動する。表示されるカーソルアイコンを指でドラッグしても移動できる。

メールなどの文字を選択

メールや連絡先の入力画面では、文字をダブルタップすれば選択状態になる。文字の左右に表示されるカーソルアイコンをドラッグすれば、選択する文字列を調整できる。

Webサイトなどのテキストを選択

Webサイトなどの画面では、テキストをロングタップすれば選択状態になる。Chromeの場合、「タップして検索」がオンなら、テキストをダブルタップしても選択状態になる。

文章のコピー／切り取り

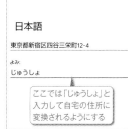

文字を選択状態にすると、編集メニューが文字の上部にポップアップ表示、または画面上部に表示される。アプリによって表示される項目が異なるが、切り取り、コピー、貼り付けなどを利用できる。

文章の貼り付け

切り取りやコピーした文字を貼り付けたい場合は、貼り付ける位置にカーソルを合わせてロングタップ。「貼り付け」ボタンが表示されるので、これをタップして貼り付けよう。

よく使う単語を
辞書登録する

　よく使うものの標準ではすぐに変換されない固有名詞や、ネットショッピングや手続きで入力が面倒な住所、メールアドレスなどは、ユーザー辞書に登録しておけば素早い入力が可能だ。例えば、「めーる」と入力して自分のメールアドレスに変換できれば、入力の手間が大きく省ける。また、挨拶などの定型文を登録しておくのも便利な使い方だ。

1 ユーザー辞書の
登録画面を開く

Gboardの場合、キーボードの歯車ボタンをタップして設定を開き、「単語リスト」→「単語リスト」→「日本語」の「+」ボタンをタップ。

2 単語と読みを
登録する

上の欄に単語（変換したい固有名詞やメールアドレス、住所、定型文など）を入力し、下の「よみ」欄に入力文字（読みなど）を入力する。

3 候補から選択して
すばやく入力できる

「よみ」に入力した文字を入力すると、「単語」に登録した文字が変換候補に表示される。これをタップすればすばやく入力できる。

キーボードの
その他の機能

　キーボードによっては、他にもさまざまな機能が使える。例えばGboardなら、手書きモードや片手モード、クリップボード、翻訳機能まで用意されている。また「Google音声入力」がインストール済みなら、マイクボタンをタップすることで音声入力もできる。欲しい機能がないなら、Playストアから各種機能を備えたキーボードを探して使ってみよう。

1 音声で文字を
入力する

ツールバーのマイクボタンをタップすると、「Google音声入力」が起動し、音声で文字を入力できるようになる。

2 手書きで文字を
入力する

Gboardのキー配列設定で「手書き」を追加しておくと、手書きでの文字入力が可能になる。タッチペンなどで画面内に文字を入力しよう。

3 片手モードを
利用する

Gboardのツールバーで「…」→「片手モード」をタップすると、片手でも入力しやすいように縮小され片側に寄ったレイアウトになる。

はじめにチェック!

まずは覚えて おきたい操作& 設定ポイント

スマートフォンを本格的に使い始める前にチェックして
おきたい設定や、まずは覚えておきたい操作法を
ひとまとめ。ひと通り確認しておこう。

01 バッテリー残量を 数値でも表示する

%でより詳細に確認できる

> 「設定」→「バッテリー」→「バッテリー残量」のスイッチをオンにすると、残量が数値でも表示されるようになる

「バッテリー残量」の スイッチをオンにしよう

スマートフォンのバッテリーは大容量化が進んだため、かつてほどバッテリー切れの心配をする必要はなくなった。とは言え、バッテリー残量は常にチェックしておきたい。ステータスバーに表示されるバッテリーアイコンだけでは、大まかな残量しかわからないので、%の数値でも表示されるよう、「設定」→「バッテリー」で「バッテリー残量」のスイッチをオンにしておこう。

02 クイック設定ツールを すばやく展開する

2本指で下へスワイプしよう

2回スワイプする必要 がなくなる便利技

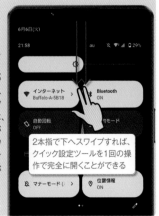

> 2本指で下へスワイプすれば、クイック設定ツールを1回の操作で完全に開くことができる

各種機能のオン／オフを素早く行える「クイック設定ツール」(P024で詳しく解説)。画面上部のステータスバーから下方向へスワイプして表示できるが、クイック設定ツールを完全に展開するには、もう1度下へスワイプする必要がある。そこで、2本指を使ってスワイプしてみよう。はじめから展開された状態でクイック設定ツールが表示される。

03 スリープまでの時間を 適切に設定する

短すぎると使い勝手が悪い

「画面設定」の 「スリープ」で選ぶ

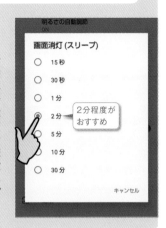

スマートフォンは、一定時間タッチパネル操作を行わないと自動的に画面が消灯しスリープ状態になる。これは無用なバッテリー消費を抑えると共にセキュリティにも配慮した機能だが、すぐにスリープしてしまうと非常に使い勝手が悪い。そこでスリープするまでの時間を、使いやすい長さに変更しよう。「設定」にある画面やディスプレイのメニューを開き、画面消灯やスリープタイムアウトの項目で変更できる。

04 ロック画面のセキュリティ を設定する

不正利用されないよう必ず設定しよう

パターンやロックNo. がおすすめ

メールや写真、連絡先などの個人情報が満載のスマートフォン。勝手に使われないよう、画面ロックのセキュリティは必ず設定しておこう。通常、初期設定時でセキュリティ設定も済ませるが、スキップした場合やあらためて設定し直したい時は、「設定」の「セキュリティ」や「ロック画面とセキュリティ」といった項目を開き、「画面のロック」をタップ後、「パターン」や「ロックNo.」、「パスワード」を設定する。パスワードが最もセキュリティレベルが高いが入力の手間はかかってしまう。素早くロック解除したいならパターンかPINがオススメだ。指紋認証や顔認証を利用する場合も、これらの画面ロック設定は必須となる。

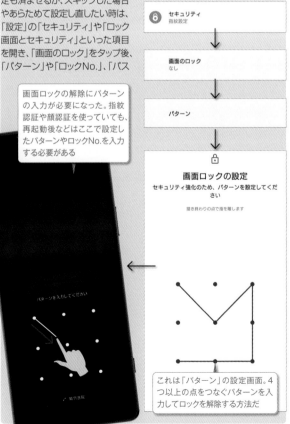

> 画面ロックの解除にパターンの入力が必要になった。指紋認証や顔認証を使っていても、再起動後などはここで設定したパターンやロックNo.を入力する必要がある

> これは「パターン」の設定画面。4つ以上の点をつなぐパターンを入力してロックを解除する方法だ

05 スリープ後にロックするまでの時間を設定

電源キーで即座にロックも可能

セキュリティと使い勝手のバランスをとろう

　左ページではスリープまでの時間を設定したが、スリープした後、ロックがかかるまでの時間も別途設定できる。スリープした直後に使用を再開したい場合は、すぐにロックがかかると面倒だ。「設定」→「セキュリティ」などの「画面のロック」右にある歯車アイコンをタップし、「画面消灯後にロック」などで時間を設定する。安全性重視なら「すぐ」や「直後」を選択しよう。また、電源キーを押すと同時にロックさせることも可能だ。

画面のロック

画面消灯後からロックまでの時間
画面消灯後から5秒後にロック（Smart Lock がロック解除を管理している場合を除く）

電源ボタンですぐにロックする　⬤
Smart Lock がロック解除を管理している場合を除きます

> 「画面消灯後にロック」などをタップして時間を選択。「電源ボタンですぐにロックする」をオンにすれば、電源キーでスリープすると同時にロックがかかる。

06 指紋認証でロックを解除できるようにする

スリープ解除が劇的にスムーズに

複数の指紋を登録しておこう

　多くの機種には指紋認証センサーが搭載されており、登録した指紋を読み取ってロックを解除することができる。指紋センサーに指を当てるだけでスリープ状態から即座に起動可能なので、極めてスムーズにスマートフォンを使い始められる。初期設定で指紋を登録していない場合は、「設定」→「セキュリティ」などで指紋設定画面を開き、指紋を登録しよう。まず、設定中のロックNo.やパスワードなどを入力し、指示に従って指紋をスキャンする。指紋は複数登録できるので、両手の親指と、卓上に置いたまま起動しやすいよう人差し指を追加しておくのがおすすめだ。なお、指紋認証を有効にしてもロックNo.やパスワード、パターンなどの入力も有効なままなので、セキュリティ強度が向上するわけではない。また、手袋を装着中など指紋認証が使えない場合に備えて顔認証も（搭載されているかどうかは機種による）併用すると完璧だ。

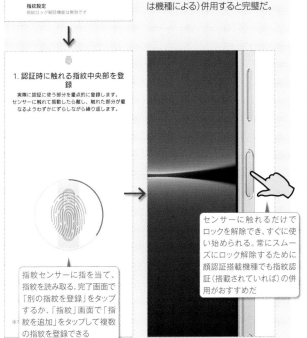

指紋設定
指紋ロック解除機能は無効です

↓

1. 認証時に触れる指紋中央部を登録
実際に認証に使う部分を重点的に登録します。センサーに触れて振動したら離し、触れた部分が重なるようわずかにずらしながら繰り返します。

> センサーに触れるだけでロックを解除でき、すぐに使い始められる。常にスムーズにロック解除するために顔認証搭載機種でも指紋認証（搭載されていれば）の併用がおすすめだ

> 指紋センサーに指を当て、指紋を読み取る。完了画面で「別の指紋を登録」をタップするか、「指紋」画面で「指紋を追加」をタップして複数の指紋を登録できる

07 顔認証でロックを解除できるようにする

指紋認証と併用がおすすめ

メガネの有無も問題なく認証する

　顔認証が搭載されている機種では、指紋認証と同時に顔認証も有効にしておくことをおすすめしたい。手袋を使用中で指紋認証を使用できない時や手が汚れていて指紋センサーに触れたくない時、指紋がうまく認識されない時なども、顔認証が有効であればロック解除に手間取ることはない。顔認証は、スリープ中は利用できないため、ひとまず画面を点灯させる必要があるが、スマホを持ち上げると画面点灯する機能を有効にすると（AQUOS搭載の機能）、持ち上げた時点で点灯し、すぐに顔認証でロック解除可能だ。また、ロック画面をスキップして画面点灯と同時に顔認証できるように設定できる機種もある。さらにAQUOSなどは、コロナ禍でのマスク生活を考慮して、マスク着用時でも顔認識を利用できる機能が搭載されている。機種によって顔認証に関わる細かな搭載機能が異なるので、あらかじめチェックしておこう。

顔認証によるロック解除
端末を持ってロック画面を見るだけで、すばやくロック解除できます

> 「設定」のセキュリティ関連メニューを開き、「顔認証」をタップ。指示に従って顔を登録しよう。また、持ち上げた時点で画面を点灯する機能の項目があればオンにしよう

☑ 持ち上げると画面点灯する機能を有効にする

次へ

> 素早く顔認証を行いたい場合は、「見るだけですぐ」を選んだり、「ロック画面を維持」をオフにするなど、設定に気をつけよう

08 不要なサウンドやバイブをオフにする

操作の音がうるさいならオフに

設定の「音設定」でオン／オフ切り替え

　タッチパネルをタッチした際に音やバイブが作動してわずらわしい場合は、設定ですべて無効にしておこう。「設定」の「音設定」や「サウンドと通知」、「サウンドとバイブ」など、音に関する項目を開き、タップ操作音や画面ロック音、タップ操作時のバイブなど不要な項目のスイッチをオフにする。また、「言語と入力」に関する設定項目で、キーボード操作時の音やバイブも無効にできる。

バイブレーションとハプティクス
ON

通知音
Notification

アラーム音
Xperia

> スイッチをタップしてオフに。このスイッチは、「音設定」内の「詳細設定」にまとまっている場合もある

ダイヤルパッドの操作音　⬤

画面ロックの音　⬤

充電開始音　⬤

タッチ操作音　⬤

バイブレーション モードのときにアイコンを常に表示　⬤

09 画面の明るさを調整する

明るさの自動調整もチェック

クイック設定ツールで調整できる

画面が明るすぎる、または暗すぎる場合は、クイック設定ツールのスライダーでいつでも調整できる。また、「設定」の「画面設定」や「ディスプレイ」などで「明るさの自動調節」をオンにすれば、周囲の明るさに合わせて画面が自動調整される。

10 機内モードを利用する

飛行機の出発前にオンにする

すべての通信を無効にする機能

航空機内など、電波を発する機器の使用を禁止されている場所では、クイック設定ツールで「機内モード」をオンにしよう。モバイルデータ通信やWi-Fi、Bluetoothなどすべての通信が遮断されるので、機内に入ったら必ずオンにする必要がある。また、機内のWi-Fiサービスを利用できる場合は、機内モードをオンにした状態のまま、航空会社の案内に従いWi-Fiをオンにしよう。

11 フォルダを作成してアプリを整理する

アプリを重ねるだけでよい

用途別や使用頻度でうまく整理しよう

ホーム画面に配置できるアプリ数は決まっているので、増えてきたらフォルダを作ってまとめてしまおう。ジャンル別や使用頻度でアプリを分類しきちんと整理すれば、使い勝手もアップする。フォルダの作成方法は簡単で、アプリをドラッグしてフォルダにまとめたい別のアプリ上にドラッグするだけ。アプリのカテゴリ名など、わかりやすいフォルダ名も入力しておこう。

アプリを重ねてフォルダ作成。できたフォルダをタップし、続けて「名前の編集」をタップしてフォルダ名を入力する

12 Wi-Fiネットワークに接続

パスワードを入力するだけでOK

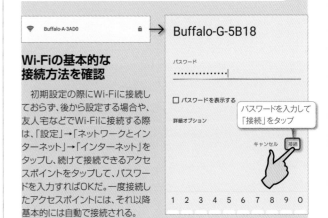

パスワードを入力して「接続」をタップ

Wi-Fiの基本的な接続方法を確認

初期設定の際にWi-Fiに接続しておらず、後から設定する場合や、友人宅などでWi-Fiに接続する際は、「設定」→「ネットワークとインターネット」→「インターネット」をタップし、続けて接続できるアクセスポイントをタップして、パスワードを入力すればOKだ。一度接続したアクセスポイントには、それ以降基本的には自動で接続される。

13 画面を横向きにして利用する

自動回転オフでも横にできる

「自動回転」がオフの時、本体を横向きにするとこのボタンが表示される。タップすれば画面が横向きになる

クイック設定ツールにある画面の「自動回転」ボタン。寝転がった際など、画面が勝手に回転してわずらわしい場合はオフにしておこう

画面の回転は手動で行うこともできる

スマートフォンは通常縦に持って利用するが、横に持って画面を横向きにすることもできる。クイック設定ツールの「自動回転」ボタンがオンになっていれば、本体の向きに合わせて画面も自動回転し、オフであれば縦向きに固定される。また、「自動回転」がオフの状態で本体を横向きにした際、画面右上角に画面の手動回転ボタンが表示される。このボタンをタップすれば、画面を手動で横向きにできるのだ。再び本体を縦に持てば、画面右下に手動回転ボタンが表示され、タップして画面を縦向きに戻すことができる。

14 キーボード操作時のバイブ動作をオフにする

触覚フィードバックをオフに

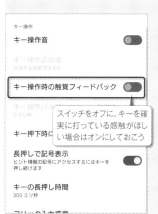

Gboardの設定をチェックしよう

キーボードで文字を入力する際、キーをタップするたびに軽く振動する場合は、標準キーボード「Gboad」の「触覚フィードバック」機能がオンになっている。この振動が邪魔な場合は、「設定」→「システム」→「言語と入力」→「画面キーボード」→「Gboard」→「設定」→「キー操作時の触覚フィードバック」のスイッチをオフにしよう。

> スイッチをオフに。キーを確実に打っている感触がほしい場合はオンにしておこう

15 通知の許可を聞かれたときは

ひとまず「許可」をタップ

アプリの初回起動時に表示される画面

アプリを新たにインストールして起動した際、右のような画面で「通知の送信を○○（アプリ名）に許可しますか？」と聞かれることがある。Androidは、通知の送信にユーザーの許可が必要なため、通知機能を持ったアプリでは必ずこの画面が表示される。この画面では、ひとまず「許可」を選んでおこう。下のNo16の記事の通り不要な通知は後から無効にすることができる。

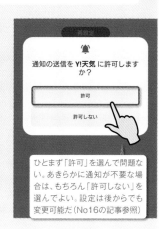

> ひとまず「許可」を選んで問題ない。あきらかに通知が不要な場合は、もちろん「許可しない」を選んでよい。設定は後からでも変更可能だ（No16の記事参照）

16 不必要な通知を無効にする

あらかじめ通知も整理しよう

アプリごとにあらためて見直そう

メールやメッセージの受信をはじめ、各種新着情報を知らせてくれる通知機能。きちんと設定しないと、確認する必要のない通知が頻繁に届いてわずらわしいことも多い。そこで、まずは不要な通知をあらかじめ無効にしておこう。「設定」→「通知」→「アプリの設定」を開き、「新しい順」と表示されているメニューを「すべてのアプリ」に変更。アプリを選んでスイッチをオフにすればよい。

> アプリを選んでスイッチをオフにすれば、そのアプリの通知が完全に無効になる

17 マルチウィンドウ機能で2つのアプリを同時利用

最近使用したアプリの履歴から起動

画面を2分割してマルチタスクを実現

画面を2分割して別々のアプリを同時に利用できる「マルチウィンドウ」機能。利用するにはまず画面下端から上へスワイプして途中で止めるか、アプリ履歴ボタンをタップしてアプリの使用履歴画面を表示する。画面下部に表示される「上に分割」や「マルチウィンドウスイッチ」をタップ。続けてマルチウィンドウで利用したいアプリを選択。動画を見ながらメッセージをやり取りするなど、さまざまな利用法が考えられる。

> アプリの履歴画面を開き、マルチウィンドウで使いたいアプリを表示。「上に分割」や「マルチウィンドウスイッチ」をタップ。このアプリが画面上側になる

> その後、アプリの履歴から分割画面の下に表示するアプリを選択する。アプリの履歴画面からしか選択できないので、分割画面で利用したいアプリは一度起動しておこう

> 画面が2分割された。本体を横向きにして左右分割で利用することもできる。仕切り線を端までドラッグすれば分割画面を解除できる

Pixel 7などの操作手順

> Pixel 7などでマルチウィンドウを利用するには、アプリの履歴画面を開き、アプリのアイコンをタップ。続けて「上に分割」をタップ

> その後、アプリの履歴から分割画面の下に表示するアプリを選択する。アプリの履歴画面からしか選択できないので、分割画面で利用したいアプリは一度起動しておこう

18 着信音や通知音の音量を調節する

音量キーでは調整できない

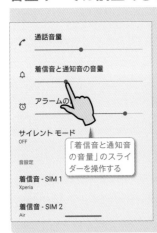

通話音量

着信音と通知音の音量

アラームの

サイレント モード
OFF

音設定

着信音 - SIM 1
Xperia

着信音 - SIM 2
Air

「着信音と通知音の音量」のスライダーを操作する

アラームの音量や通話音量も調整可能

電話の着信音やメールなどの通知音の音量は、本体側面の音量キーでは操作できない。音量を調整するには、「設定」の「音設定」や「サウンドとバイブレーション」、「着信音とバイブレーション」などを開く。すると、各種音量を個別に操作できる画面が表示されるので、「着信音と通知音の音量」のスライダーを調整すればよい。通話音量やアラームの音量もここで調整できる。

19 アプリに表示される通知ドットとは

新着の通知を知らせてくれる

通知ドットに件数が表示される場合もある

アプリの右上に表示される通知ドット。電話の着信や新着メッセージ、新着メールをはじめとした通知がある場合に表示される。アプリを開いて着信の履歴や未読のメッセージを確認すると、通知ドットも消える仕組みだ。通知ドットには通知の件数が数字で表示される場合もある。通知ドットが表示されない時は、「設定」→「通知」→「アプリアイコン上の通知ドット」をオンにしよう。

新着の通知があるとこのように通知ドットが表示される。アプリによっては件数が表示される場合もある

20 スマートフォンで電話をかける

「電話」アプリを起動しよう

電話番号を入力して電話をかける場合は、このボタンや「キーパッド」をタップ

03-6380-6132

1	2 ABC	3 DEF
4 GHI	5 JKL	6 MNO
7 PQRS	8 TUV	9 WXYZ
*	0	#

タップして発信

音声通話

受話器のアイコンのアプリをタップ

スマートフォンで電話をかけるには、ホーム画面にある「電話」アプリを利用する（ない場合は、アプリ管理画面から追加しておこう）。起動して「ダイヤル」ボタンをタップし番号を入力、続けて緑の「音声通話」ボタンを押せば電話をかけることができる。通話を終了する時は、赤い受話器ボタンをタップする。電話アプリの各種機能や詳しい操作法、便利な使い方は、P038以降で解説している。

21 かかってきた電話を受ける方法

使用中とロック中で操作が異なる

操作中画面なら通知をタップするだけ

スマートフォンにかかってきた電話を受ける方法は2つある。ホーム画面やアプリ使用中なら、画面上部にバナーで通知が表示されるので、「応答」をタップする。スリープ中やロック画面では、全画面で着信画面が表示され、受話器ボタンを上へスワイプして電話に出る。通話を終了する際は、赤い受話器ボタンをタップすればよい。詳しい操作法は、P038以降で解説している。

ホーム画面やアプリ使用中

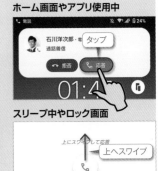

石川洋次郎・通話番号

タップ

拒否　応答

01:4

スリープ中やロック画面

上にスワイプして応答

上へスワイプ

下にスワイプ

22 紛失、盗難対策を設定しておく

「デバイスを探す」機能をオンに

ネットで端末を捜索できる機能

スマートフォンの紛失、盗難に備えて「デバイスを探す」機能を設定しておこう。まず「設定」→「位置情報」で「位置情報の使用」がオンになっていることを確認。次に「設定」→「セキュリティ」で「デバイスを探す」をタップ。スイッチをONにしておこう。紛失時は、マップで端末の現在地を確認したり、情報漏洩を防止することができる（P095で詳しく解説）。

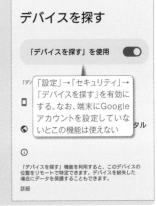

デバイスを探す

「デバイスを探す」を使用

「設定」→「セキュリティ」→「デバイスを探す」を有効にする。なお、端末にGoogleアカウントを設定していないとこの機能は使えない

「デバイスを探す」機能を利用すると、このデバイスの位置をリモートで特定できます。デバイスを紛失した場合にデータを保護することもできます。
詳細

23 アプリのロングタップメニューを利用する

アプリごとに表示メニューは異なる

便利なショートカットにアクセスできる

ホーム画面やアプリ管理画面でアプリをロングタップすると、メニューが表示され、さまざまな操作をショートカットで素早く行える。例えばGmailの場合は「作成」（新規メール作成）、カメラでは「ビデオ」、YouTubeでは「検索」など、メニューの内容はアプリによって異なる。また、メニューの項目をホーム画面にドラッグすれば、ショートカットアイコンが作成され、ワンタップで利用可能になる。

ロングタップしてさまざまなメニューを利用できる

フロントビデオ

ビデオ

フロントフォト

au　アシスタント

24 スマートフォンで写真を撮る

シャッターをタップするだけ

カメラアプリを起動しよう

スマートフォンで写真を撮る操作はとても簡単だ。「カメラ」アプリを起動し、被写体にレンズを向ける。基本的にはピントも自動で合うので、後は大きく表示されたシャッターボタンをタップするだけだ。「カシャッ」と小さくシャッター音が聞こえれば撮影が完了。写真データは「フォト」アプリなどで確認できる。カメラには多彩な機能が搭載されているので、P062以降の記事で確認しよう。

シャッターをタップするだけで撮影できる

25 アプリをインストールするための基本操作

無料アプリならすぐに利用可能

Playストアでアプリを手に入れる

初期設定時にGoogleアカウントを登録していれば、すぐにアプリをインストールして利用することができる。ただし有料アプリをインストールするには、支払い情報の設定などが必要なので、P056以降の記事で確認しよう。ここでは無料アプリのインストール方法を紹介する。アプリは「Playストア」

で検索し、スマートフォンへインストールする。Playストアを起動すると、おすすめのアプリや話題のアプリ紹介画面が表示されるので、気になるものをタップしてインストールしてもよいし、目的のアプリがある場合は、画面上部の検索ボックスでキーワード検索しよう。インストールしたいアプリが決まったら、詳細画面で「インストール」をタップするだけだ。

❶Playストアを起動する

タップ

❷アプリを検索する

カテゴリやランキング、キーワード検索でアプリを検索する

❸アプリをインストール

欲しいアプリをタップし、続けて「インストール」をタップ

❹アプリを利用する

「インストール」ボタンが「開く」に変わるので、タップしてアプリを起動。アプリ管理画面にもアプリが追加されている

26 画面に表示される文字サイズを変更する

数段階で大きさを選択

見やすさと情報量のバランスを取ろう

スマートフォンに表示される文字のサイズは、「設定」の「画面設定」や「ディスプレイ」にある、「表示サイズとテキスト」などで数段階から選択できる。文字が小さくて読みにくいなら大きく、画面内の情報量を増やしたい場合は小さくしよう。なお、画面設定にある「表示サイズ」では、文字以外の要素の表示サイズも変更できる。フォントサイズと合わせて、自分の見やすいサイズに変更しよう。

左右にドラッグしてサイズを変更

27 画面のスクリーンショットを保存する

電源キーと音量下キーを同時に押す

通常の写真同様アルバムに保存

表示中の画面をそのまま画像として保存するには、電源キーと音量下キーを同時に押せば良い。カメラで撮影した写真同様、「フォト」アプリに保存され、メールに添付したりSNSに投稿することができる。オススメのアプリを紹介する際などに利用しよう。なお、動画配信サービスの動画再生中画面など、スクリーンショットを保存できない画面もあるので注意しよう。

同時に押す

28 アプリが持つオプション機能を利用する

オプションメニューボタンをタップ

設定やその他の機能を呼び出す

多くのアプリの画面右上や右下に備わっている「オプションメニューボタン」。タップしてさまざまなオプション機能やアプリの設定を呼び出せるボタンだ。ほとんどのアプリのオプションメニューボタンは、3つのドットとして表示されている。目当ての操作項目が見当たらない時は、まずはこのボタンをタップしてみよう。例えばChromeでは、新しいタブの作成やブックマークの保存、設定などを利用できる。

オプションメニューボタンをタップして機能や設定を呼び出す

29 画面をタップして スリープを解除する

置いたまま点灯できて便利

タップやダブルタップ で画面を表示する

　ちょっと時間を確認したい時など、いちいちスマートフォンを手に持って操作するのは面倒だ。そこで消灯した画面をタップ（またはダブルタップ）してスリープを解除できるよう設定しておこう。「設定」→「システム」→「ジェスチャー」で「タップしてロック画面を表示」や「スマートフォンをタップしてチェック」をオンにすればOK。対応機種は限られるが、使い勝手が向上する機能だ。

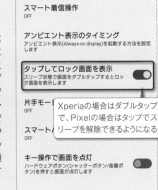

スマート着信操作
OFF

アンビエント表示のタイミング
アンビエント表示(Always-on display)を起動する方法を設定します

タップしてロック画面を表示
スリープ状態で画面をダブルタップするとロック画面を表示します

片手モード
OFF

スマート○○
OFF

キー操作で画面を点灯
ハードウェアボタン(シャッターボタン/音量ボタン)を押すと画面が点灯します

> Xperiaの場合はダブルタップで、Pixelの場合はタップでスリープを解除できるようになる

30 Googleアシスタント を活用しよう

情報検索からアプリ操作までおまかせ

「明日の天気は？」と聞くと、現在地の明日の天気予報を教えてくれる

多彩に活躍する 自分専用の秘書機能

　ちょっとした調べ物から予定の管理、アプリの操作まで、さまざまな内容を音声で指示できる「Googleアシスタント」。（標準の設定では）電源キーを長押しすることで起動することができる。「ここから一番近いコンビニは？」といった情報検索や「○○にメッセージを送る」といったアプリの操作など多彩な指示を実行してくれる。

31 「OK Google」機能を 利用できるようにする

スリープ中でも音声で利用可能

「Voice Match」機能 を設定する

　前述の「Googleアシスタント」をよく利用するなら、ぜひ「Voice Match」機能を有効にしておこう。「OK Google」や「Hey Google」、「ねえGoogle」というフレーズを発するだけで、Googleアシスタントが起動するようになる便利な機能だ。ハンズフリーで利用できるため、料理中など手が離せない時に活用したい。ホーム画面はもちろん、アプリ利用中やスリープ中でも起動可能だ。

"Ok Google"

> 「設定」→「Google」→「Googleアプリの設定」→「検索、アシスタントと音声」→「音声」→「Voice Match」で「Hey Google」をオンに。指示に従い自分の声を登録する

32 microSDカードで 使えるメモリを増やす

容量不足の心配がなくなる

既存のデータを 移すこともできる

　本体搭載のメモリで足りないようなら、microSDカードを利用しよう。ほぼ全ての機種がmicroSD／microSDHC／microSDXCカードに対応している（対応容量は公式サイトなどを参照）。電源を切り、本体側面などのカバーを開けトレーを引き出し、microSDカードをセットして電源を入れよう。通知パネルに「SDカード」が表示されれば利用可能。端末内のデータをSDカードへ転送できるようになる。

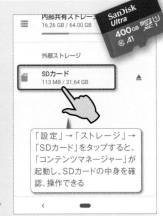

内部共有ストレージ
16.26 GB / 64.00 GB

外部ストレージ

SDカード
113 MB / 31.64 GB

SanDisk Ultra 400GB microSDXC A1

> 「設定」→「ストレージ」→「SDカード」をタップすると、「コンテンツマネージャー」が起動し、SDカードの中身を確認、操作できる

33 Googleへのバックアップ 機能を有効にしておく

復元や機種変更をスムーズに

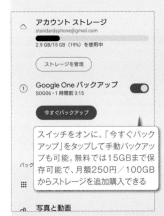

アカウント ストレージ
standardsphone@gmail.com

2.9 GB/15 GB (19%) を使用中

ストレージを管理

Google One バックアップ
SOG06・1時間前 3:15

今すぐバックアップ

写真と動画

> スイッチをオンに。「今すぐバックアップ」をタップして手動バックアップも可能。無料では15GBまで保存可能で、月額250円／100GBからストレージを追加購入できる

Googleのクラウド へ保存される

　スマートフォンの不具合による端末初期化や、機種変更時に備えて、データのバックアップ機能を有効にしておこう。「設定」→「Google」→「バックアップ」→「Google Oneバックアップ」をオンにしておけば、画面に記載されている条件の下、アプリとアプリのデータ、通話履歴、連絡先、設定、SMS、写真と動画が自動的にバックアップされる。無料では15GBまで保存可能だ。

34 Googleの検索バー を利用する

ホーム画面から素早く検索

Google検索を 最速で行える

　ホーム画面に配置されている「Google検索バー」。ホーム画面のドックの下に配置されている機種もあれば、ウィジェットして配置されている場合もある。タップしてキーワードを入力すれば、素早くGoogle検索を行える。また、アプリ名を入力することで、スマホ内のアプリを検索し、起動することも可能だ。マイクボタンをタップすれば、音声検索も行える。

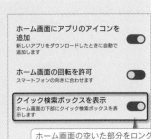

ホーム画面にアプリのアイコンを追加
新しいアプリをダウンロードしたときに自動で追加します

ホーム画面の回転を許可
スマートフォンの向きに合わせます

クイック検索ボックスを表示
ホーム画面の下部にクイック検索ボックスを表示します

> ホーム画面の空いた部分をロングタップし、表示されたメニューで「ホームの設定」をタップ。「Google検索の表示」や「クイック検索ボックスを表示」のスイッチで、表示／非表示を切り替えられる

主要アプリ
操作ガイド

本体やホーム画面の基本操作を覚えたら、
電話やGmail、カメラなどの最もよく使う
主要なアプリの使い方をマスターしよう。

SECTION

2

電話

アプリを使って電話をかけよう

電話アプリのさまざまな機能を使いこなそう

スマートフォンで電話をかけるには、ドックに配置されている電話アプリを利用する。機種やAndroidのバージョン、キャリアによって画面が異なる場合もあるが、電話をかける、受ける、連絡先から電話をかける、発着信履歴を確認する、SMSで応答拒否メッセージを送る、といった基本的な操作はほぼ共通している。通話中には、音声をスピーカー出力したり、ミュート機能で消音できるほか、通話しながら他のアプリを自由に操作することも可能だ。また、留守番電話サービスを契約しなくても、無料で使える「伝言メモ」機能で、伝言メッセージを録音・再生することができる。

✓ 使い始め POINT!

● よく電話する相手を「お気に入り」に追加する

下部メニューの「お気に入り」画面で連絡先を追加しておくと、連絡先のアイコンをタップするだけで素早く電話発信できるので、よく電話する相手がいればあらかじめ登録しておこう。連絡先に複数の電話番号がある場合は、アイコンをタップしてから発信する番号を選択できる。なお、お気に入りは連絡帳アプリ（P042で解説）と同期するので、連絡帳アプリで連絡先の詳細を開いて星マークをタップし、お気に入りに追加することも可能だ。

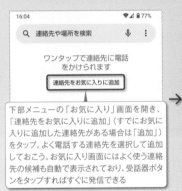

下部メニューの「お気に入り」画面を開き、「連絡先をお気に入りに追加」（すでにお気に入りに追加した連絡先がある場合は「追加」）をタップ。よく電話する連絡先を選択して追加しておこう。お気に入り画面にはよく使う連絡先の候補も自動で表示されており、受話器ボタンをタップすればすぐに発信できる

お気に入り画面に追加した連絡先のアイコンをタップし、電話番号の受話器ボタンをタップすると発信できる。このとき「この設定を保存する」にチェックしておけば、次回以降は自動的に選択した電話番号で発信するようになる

電話番号を入力して電話をかける

1 電話アプリをタップして起動する

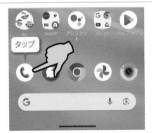

まずはホーム画面最部のドックに配置されている、電話アプリをタップして起動しよう。

2 ダイヤル入力画面を開く

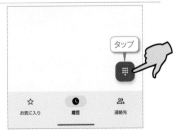

電話アプリによって異なるが、「ダイヤル」タブを開いたり、キーパッドボタンなどをタップすると、ダイヤル入力画面に切り替わる。

3 電話番号を入力して発信ボタンをタップする

入力した番号を取り消す

ダイヤルキーで電話番号を入力したら、下部の発信ボタンをタップ。入力した番号に電話をかけられる。

4 通話終了ボタンをタップして通話を終える

通話中画面の機能と操作はP040で解説する。通話を終える場合は、下部にある赤い通話終了ボタンをタップすればよい。

連絡先から電話をかける／通話履歴から電話をかける

1 電話アプリから連絡先画面を開く

タップ

「連絡帳」アプリ（P042で解説）に登録済みの友人知人に電話をかけたい場合は、電話アプリの下部メニューで「連絡先」画面を開こう。

2 連絡先の詳細を開いて電話番号をタップ

タップすると、よく使う連絡先としてお気に入り画面に表示される

青山 はるか
アオヤマ ハルカ
スタンダーズ株式会社

通話　SMS　ビデオ　メール　経路

連絡先情報

090 0000 0000
携帯

03 6380 6132

タップして電話発信

standardstest02@gmail.com

連絡先の詳細画面で、電話番号や電話ボタンをタップすれば、電話をかけることができる。また星マークをタップするとよく使う連絡先に登録され、お気に入り画面からすばやく電話をかけられるようになる。

- 通話履歴から電話をかける

タップして電話発信

青山 はるか
携帯・たった今

名前や電話番号をタップすると下部にメニューが表示される

111
16:40

昨日以前

非通知設定
9月18日

タップ

履歴画面を開くと発信や着信の履歴が一覧表示され、発信ボタンをタップして再発信や折り返して電話できる。また名前や電話番号をタップするとメニューが表示され、ビデオ通話の招待や、メッセージ送信、発着信履歴の確認ができる。

かかってきた電話を受ける／拒否する

1 ロック画面での操作と着信音を即座に消す方法

音量キーの上下どちらかを押すと、すぐに着信音が消える。サウンドが消えても着信自体は続いている

ボタンを上にスワイプて応答、下にスワイプて応答拒否できる

スリープ中やロック画面で着信した場合は、応答ボタンを上にスワイプすれば電話に出られる。電話に出られない時は下にスワイプしよう。なお、着信音をすぐに消したい時は、音量キーの上下どちらかを押せばよい。

2 スマートフォン使用中に応答または拒否する

タップ

西川 希典・電話
通話着信

拒否　応答

18:36

スマートフォンを使用中に電話がかかってきた場合は、上部に通知が表示されるので、「応答」をタップして応答しよう。電話に出られないなら「拒否」をタップ。

3 電話に出られない状況をメッセージで伝える

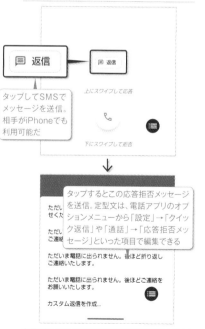

返信

タップしてSMSでメッセージを送信。相手がiPhoneでも利用可能だ

タップするとこの応答拒否メッセージを送信。定型文は、電話アプリのオプションメニューから「設定」→「クイック返信」や「通話」→「応答拒否メッセージ」といった項目で編集できる

ただいま電話に出られません。後ほど折り返しご連絡いたします。

ただいま電話に出られません。後ほどご連絡をお願いいたします。

カスタム返信を作成...

今電話に出られない状況を相手に伝えたい場合は、着信画面にある「返信」ボタンをタップし、定型文を選択するかカスタム返信を作成してメッセージを送信しよう。

通話中に利用できる主な機能

1 通話中にダイヤルキーを入力する

宅配便の再配達サービスや各種サポートセンターなど、通話中にキー入力を求められた際にキーパッドを表示して、数字キーをタップしよう

音声ガイダンスなどでプッシュボタンの操作を求められた場合は、キーパッドボタンをタップすればダイヤルキーが表示される。

2 音声をスピーカーに出力する

タップ

本体を机などに置いてハンズフリーで通話したい場合は、「スピーカー」をタップしよう。通話相手の声がスピーカーで出力される。

3 自分の声が相手に聞こえないように消音する

タップ

自分がしゃべっている声を一時的に相手に聞かせたくない場合は、「ミュート」をタップしよう。マイクがオフになり相手に音声が届かなくなる。保留とは異なり相手の音声は聞くことができる。

4 通話の追加と通話の保留

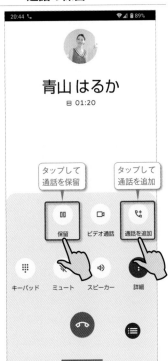

タップして通話を保留

タップして通話を追加

「詳細」→「通話を追加」で通話中に他の人に電話をかけることができる。「保留」で通話を保留・再開できる。これらの機能の利用には、オプションサービスの契約が必要。

5 「Duo」でビデオ通話を開始する

タップするとGoogle Meetに切り替えて発信できる。契約プランや通話相手によっては、ドコモのビデオコールなどキャリア独自のビデオ通話サービスが使用される場合もある

「詳細」→「ビデオ通話」をタップすると、ビデオ通話アプリ「Google Meet」に切り替えて、ビデオ通話を発信できる。ビデオ通話履歴も、電話アプリの履歴画面に記録される。

6 通話中でも他のアプリを自由に操作できる

このアイコンがあれば通話中。通知パネルを開いて通話中のパネルをタップすると通話画面に戻る

通話中は通話バブルというアイコンが画面上に表示される場合もある。タップすると、通話画面に戻ったり通話を終了できる

通話中でもホーム画面に戻ったり、他のアプリを起動して利用できる。通知パネルを開いて通話中の表示をタップすれば、元の電話（ダイヤル）画面に戻る。

キャリアの留守番電話サービスを利用する

留守番電話と伝言メモの違いを理解して使い分けよう

留守番電話サービスを使うには、各キャリアで有料のオプション契約が必要となるが、スマートフォンにはもうひとつ、無料で伝言メッセージを録音できる「伝言メモ」機能も用意されている。キャリアの留守番電話サービスと違って、圏外や電源が切れた状態ではメッセージが録音されないが、メッセージを端末内に保存するため保存期間の制限がなく、伝言メッセージの再生に通話料もかからないといったメリットがある。

キャリアの留守番電話サービスを利用するには、有料のオプション契約が必要。それぞれのサポートページから申し込みを済ませよう。

留守番電話メッセージを確認する方法

録音された伝言を再生するには、1417（SoftBankは1416）に発信する。機種によっては、「1」をロングタップして留守番電話サービスに発信することもできる。

使いこなしヒント

各キャリアの留守番電話サービス

docomo
「留守番電話サービス」
利用料金	330円／月
保存期間	72時間
保存件数	20件
録音時間	3分

au
「お留守番サービスEX」
利用料金	330円／月
保存期間	7日間
保存件数	100件
録音時間	3分

SoftBank
「留守番電話プラス」
利用料金	330円／月
保存期間	7日間
保存件数	100件
録音時間	3分

※ahamoやpovo、LINEMOなどのオンライン専用プランは、これらの留守番電話サービスには非対応

伝言メモ（簡易留守録）機能でメッセージを録音・再生する

1 伝言メモ機能を有効にする

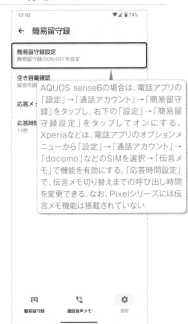

AQUOS sense6の場合は、電話アプリの「設定」→「通話アカウント」→「簡易留守録」をタップし、右下の「設定」→「簡易留守録設定」をタップしてオンにする。Xperiaなどは、電話アプリのオプションメニューから「設定」→「通話アカウント」→「docomo」などのSIMを選択→「伝言メモ」で機能を有効にする。「応答時間設定」で、伝言メモ切り替えまでの呼び出し時間を変更できる。なお、Pixelシリーズには伝言メモ機能は搭載されていない

電話アプリのオプションメニューから「設定」→「通話アカウント」にある「簡易留守録」や「伝言メモ」という項目をタップし、機能をオンにしておこう。

2 伝言メモでメッセージが録音される

伝言メモが起動すると録音中の画面が表示され、自動でミュートになる

電話の呼び出し中に設定した応答時間が経過すると、伝言メッセージの録音が開始される。録音できる時間は1件あたり最大60分。

3 録音された伝言メモを再生するには

録音された伝言メモは、電話アプリのオプションメニューから「設定」→「通話アカウント」にある「簡易留守録」や「伝言メモ」画面に保存されている。タップするといつでも再生できる。

連絡帳

電話番号やメールアドレスを管理する

連絡先の保存先はGoogleアカウントに統一しておこう

スマートフォンの連絡先は、標準の「連絡帳」や「電話帳」、「連絡先」アプリで管理しよう。作成した連絡先はGoogleアカウントに保存されるので、他のスマートフォンやiPhoneに機種変更した際も、同じGoogleアカウントを追加するだけで連絡先を簡単に移行できる。ただしdocomo端末の場合、標準の連絡帳アプリが「ドコモ電話帳」になっている事がある。ドコモ電話帳で連絡先を作成すると、連絡先がdocomoアカウントに保存されてしまい、キャリアをdocomo以外に変更した際の連絡先移行が面倒だ。連絡先はすべてGoogleアカウントに保存するように、設定を変更しておくのがおすすめだ。

使い始め POINT!

● ドコモ電話帳の保存先を変更しておこう

ドコモ電話帳で新規連絡先を作成すると、保存先がdocomoアカウントになってしまうので、Googleアカウントに保存するように変更しておこう。ドコモ電話帳の左上にある三本線ボタンをタップしてメニューを開き、「設定」→「新しい連絡先のデフォルトアカウント」をタップ。連絡先を保存したいGoogleアカウントを選択しておけばよい。Googleアカウントに保存しておくことで、docomo以外の機種に変更した際も簡単に連絡先を移行できるようになる。

ドコモ電話帳で連絡先を作成するときに、保存先が「docomo」になっている場合は、標準の保存先をGoogleアカウントに変更しておくのがおすすめだ

左上の三本線ボタンでメニューを開き、「設定」→「新しい連絡先のデフォルトアカウント」をタップ。連絡先を標準で保存したいGoogleアカウントを選択する

新しい連絡先を作成する

1 連絡帳アプリで新規作成する

連絡帳アプリの「+」ボタンをタップすると、連絡先の新規作成画面が開く。名前やよみがな、電話番号、メールアドレスなどを入力して「保存」をタップしよう。

2 電話アプリの履歴から作成する

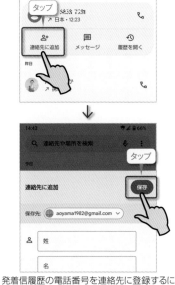

発着信履歴の電話番号を連絡先に登録するには、電話アプリの履歴画面で電話番号をタップし、下部の「連絡先に追加」をタップ。名前などを入力して「保存」をタップすればよい。

3 連絡先の修正や管理、設定を行う

下部メニューの「修理と管理」をタップすると、重複した連絡先の統合や連絡先の復元、連絡先のインポートやエクスポート、連絡先アプリの設定などを行える。

作成した連絡先を編集したり削除する

1 連絡先を開いて 編集モードにする

連絡先の内容を変更したい時は、変更したい連絡先をタップして詳細画面を開く。続けて上部の鉛筆ボタンをタップし、編集モードにしよう。

2 連絡先の内容を 修正して保存

電話番号を追加したり、住所を修正するなど、連絡先の内容を変更できるようになる。編集を終えたら、右上の「保存」をタップして編集を完了しよう。

3 不要な連絡先を 削除する

連絡先を開いて右上のオプションメニューボタンをタップし、「削除」をタップするとこの連絡先を削除できる。「着信音を設定」で、この連絡先からかかってきた電話の着信音を個別に設定することもできる。

連絡先を新しい機種に移行する

1 Googleアカウントの 連絡先は自動で同期

連絡先が移行されない場合は、本体の「設定」→「パスワードとアカウント」で追加したGoogleアカウントを選択し、「アカウントの同期」をタップ。「連絡先」のスイッチがオンになっているか確認しよう

連絡先をGoogleアカウントに保存していれば、機種変更した際も同じGoogleアカウントを追加するだけで、連絡先が同期されて自動的に元の連絡先が復元される。

2 本体などに保存された 連絡先をGoogleに移行する

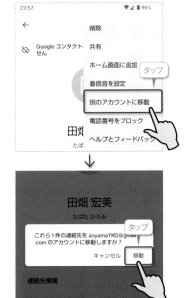

本体やdocomoアカウントに連絡先を保存している場合は、連絡帳アプリで連絡先を開き、オプションメニューから「別のアカウントに移動」でGoogleアカウントに移行できる。

3 本体などに保存された 連絡先をまとめて移行する

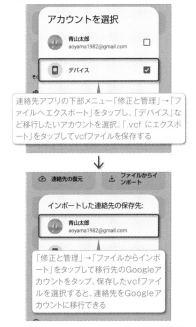

連絡先アプリの下部メニュー「修正と管理」→「ファイルへエクスポート」をタップし、「デバイス」など移行したいアカウントを選択。「.vcf にエクスポート」をタップしてvcfファイルを保存する

「修正と管理」→「ファイルからインポート」をタップして移行先のGoogleアカウントをタップ。保存したvcfファイルを選択すると、連絡先をGoogleアカウントに移行できる

本体やdocomoアカウントに保存された連絡先が多い場合は、一度エクスポートしてからGoogleアカウントにインポートすることで、まとめてGoogleアカウントに移行できる。

メールとメッセージ

メールとメッセージの種類と使い方を知ろう

メールはGmailアプリで まとめて管理しよう

スマートフォンには複数のメールアプリやメッセージアプリが用意されているが、基本的にメールのやり取りは「Gmail」アプリを使うのがおすすめだ。Gmailアドレスを使う場合はもちろん、自宅や会社のプロバイダメールを使う場合でも、Gmailアプリで送受信したほうが何かと便利。特に、P047の手順に従って自宅や会社のメールを「Gmailアカウント」に設定しておけば、同じGoogleアカウントを使うだけでいつでも同じ状態のメールを複数の端末で確認でき、Gmailの強力な機能も適用できる。そのほか、キャリアメールやSMSをやり取りするには、次ページで紹介している専用アプリを使おう。

● メールの管理には Gmailがおすすめ

メールの管理は、基本的に「Gmail」アプリに任せよう。特におすすめの使い方は、自宅や会社のメールを「Googleアカウント」に追加し、いったんGmailのサーバを経由して送受信する方法。Webブラウザでの設定が必要になるが、一度設定を済ませてしまえば、他のスマートフォンやiPhone、パソコンでも、同じGoogleアカウントでログインしてGmailアプリを起動するだけで、いつでも同じ状態のメールボックスを確認できるようになる。

✓ 使い始め POINT!

Gmailってどんなメールサービス?

Googleアカウントが Gmailアドレスになる

Gmailとは、Googleが提供する無料のメールサービスだ。Googleアカウント（P012で解説）を作成すれば、GoogleアカウントがそのままGmailのメールアドレスになる。Gmailには右にまとめたように便利な機能がいろいろあるが、やはりもっとも便利なのは、他のデバイスとの同期が簡単という点だろう。他のスマートフォンでもiPhoneでもパソコンでも、同じGoogleアカウントでログインするだけで、いつでも最新の状態のメールを読むことができ、受信トレイや送信済みトレイも同じ状態に同期される。また、メールの本体はクラウド上に保存されるので、機種変更時にバックアップしたりインポートするといった手間も必要ない。新しい機種に以前と同じGoogleアカウントを追加するだけで、まったく同じメールを読むことができる。

● Gmailのメールアドレスは?

aoyama1982@gmail.com

Googleアカウント＝Gmailアドレス

Googleアカウントが、そのままGmailアドレスになる。つまり普通にスマートフォンにGoogleアカウントを追加して使っていれば、誰でもGmailを利用できる。

● Gmailのココが便利!

さまざまな機器と同期できる

スマートフォン、タブレット、iPhone、パソコンなどさまざまな機器で、同じGoogleアカウントを使うだけで、同じメールを読むことができる。

メールはクラウドに保存される

メールや設定はすべてインターネット上に保存されているので、端末側でのバックアップなどは不要。どのデバイスからアクセスしても、常に最新の状態で同じ受信メール、送信済みメールをチェックできる。

無料で15GBも利用できる

GoogleドライブやGoogleフォトと共通の容量になるが、無料で15GBも使えるので、メールの保存容量はほぼ気にする必要がない。昔のメールを消さずにずっと残しておける。

メールの検索機能や 分類機能が強力

ピンポイントでメールを探し出せる検索機能のほか、迷惑メールの排除やカテゴリラベルへの自動振り分けなど、分類機能も強力だ。

Webブラウザで簡単に利用できる

元々がWebサービスなので、パソコンのWebブラウザでhttps://mail.google.com/にアクセスしGoogleアカウントでログインすれば、メールのチェックや送受信をはじめとする全ての機能を利用できる。いざというときにネットカフェや知人のパソコンでメールをやり取りすることも簡単だ。

自宅や会社のメールはGmailアプリを使う

自宅や会社メールをGmailで送受信する2つの方法

Gmailアプリは「○○@gmail.com」アドレスでメールをやり取りするだけでなく、自宅や会社のメールアカウントを追加して送受信できるメールクライアントとしての機能も備える。単に自宅や会社のメールをGmailアプリで送受信するだけならアプリ単体で簡単に設定できるが、他のスマートフォンやパソコンのGmailとは同期できない。Web版Gmailで自宅や会社のメールをGmailアカウントに追加し、Gmailサーバ経由で送受信するように設定することで、同じGoogleアカウントを使うスマホやiPhone、パソコンでも自宅や会社メールを同期して送受信できるので、こちらの方法で設定しておくのがおすすめだ。Gmailの強力な検索機能や、ラベルやフィルタによる整理なども利用できる。

方法1 自宅や会社メールをGmailアプリに追加する

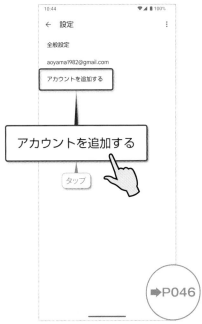

アカウントを追加する → タップ

➡P046

Gmailアプリの「設定」→「アカウントを追加」から自宅や会社のメールアカウントを追加すると、Gmailアプリで送受信できる。ただしこのGmailアプリで送受信できるだけで、他のスマホやパソコンのGmailとは同期しない。

方法2 自宅や会社メールをGmailサーバ経由で送受信

こちらがオススメ

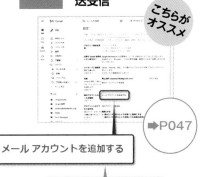

メール アカウントを追加する

➡P047

パソコンのWebブラウザでGmail（https://mail.google.com/）にアクセスするか、スマートフォンのWebブラウザで「PC版サイトを閲覧」にチェックした上でアクセスすると設定できる

Web版Gmailの設定で「アカウントとインポート」タブの「メールアカウントを追加する」をクリックし、P047の手順に従って自宅や会社のメールアカウントを追加しておくと、同じGoogleアカウントを使うスマートフォンやiPhone、パソコンでも自宅や会社のメールを同期して利用できるほか、Gmailのさまざまな機能を自宅や会社のメールにも適用できる。また自宅や会社のメールがGmailに自動で保存されるので実質的なバックアップツールとしても運用できる。

キャリアメールやSMSは専用アプリを使う

対応するメールやメッセージアプリが必要

キャリアメールの送受信には、個別に用意されているアプリを利用しよう。ソフトバンクのS!メールのみ「＋メッセージ」を利用するようになっている。電話番号宛てにメッセージを送るには、「＋メッセージ」や「Googleメッセージ」を利用する。お互いに＋メッセージ同士やGoogleメッセージ同士でやり取りする場合は、無料で利用でき、写真や動画を送受信したりLINEのようなスタンプも使える。＋メッセージからGoogleメッセージなど、利用するメッセージアプリが異なる相手に電話番号を宛先にしてメッセージを送る場合は、SMSで送信することになる。SMSで送信できるのは全角670文字までのテキストに限られ、文字数に応じて1回あたり3円〜30円の送信料がかかる。

● キャリアメールの送受信に使うアプリ

ドコモメール

ドコモメール（@docomo.ne.jp）の送受信には、「ドコモメール」アプリを使う。メールアドレスは、機種変更なら以前のアドレスのまま使える。新規契約時は、docomo ID設定時にランダムな英数字で発行されるので、アプリの設定メニューから好きなアドレスに変更しよう。

auメール

auメール（@ezweb.ne.jp／@au.com）の送受信には、「auメール」アプリを使う。メール変更なら以前のメールアドレスを利用でき、新規契約時はアプリの設定メニューから好きなアドレスに変更して利用する。

S!メール

ソフトバンクのみ、S!メール（@softbank.ne.jp）の送受信には、SMSアプリの「＋メッセージ」アプリを利用する。同じく機種変更ならアドレスは以前のままでOK。新規契約時は、「My Soft Bank」の「メール設定」で好きなアドレスに変更できる。

● SMSの送受信に使うアプリ

＋メッセージとメッセージ

電話番号宛てにメッセージやSMSを送受信するには、「＋（プラス）メッセージ」アプリを使おう。キャリアで購入したスマートフォンには最初から対応バージョンがインストールされている。なおPixelシリーズや格安スマホでは、デフォルトのSMSアプリがGoogle標準の「メッセージ」になっていることもある。＋メッセージとメッセージの両方がインストールされている場合は、どちらか片方をデフォルトのSMSアプリとして設定する必要がある。

方法1 Gmailアプリに自宅や会社のアドレスを設定して送受信

1 Gmailアプリのメニューで「設定」をタップ

Gmailアプリを起動してメニューを開き、下の方にある「設定」をタップ。

2 「アカウントを追加」をタップする

Gmailの設定画面が開くので、「アカウントを追加」をタップしよう。

3 「その他」をタップする

メールのセットアップ画面が表示されるので、一番下の「その他」をタップする。

4 自宅や会社のメールアドレスを入力する

追加したい自宅や会社のメールアドレスを入力して「次へ」をタップ。

5 「個人用（POP3）」をタップする

アカウントの種類を選択する。通常は「個人用（POP3)」をタップすればよい。

6 自宅や会社のパスワードを入力する

自宅や会社のメールのパスワードを入力して「次へ」をタップ。

7 受信用のPOP3サーバーを設定

プロバイダや会社から指定されている、ユーザー名や受信サーバー（POP3サーバー）の設定を入力して「次へ」をタップ。

8 送信用のSMTPサーバーを設定

続けて、プロバイダや会社から指定されている、送信サーバー（SMTPサーバー）の設定を入力して「次へ」をタップ。

9 同期スケジュールなどを設定する

「同期頻度」で新着メールを何分間隔で確認するかを設定。他に着信や同期の有無にチェックして「次へ」で設定完了。

10 追加したアカウントに切り替える

右上のアカウントボタンをタップすると、追加した自宅や会社のアカウントに切り替えできる。

使いこなしヒント

キャリアメールをGmailアプリで送受信するには

ドコモメール(docomo.ne.jp)

「その他のメールアプリからのご利用」(https://www.nttdocomo.co.jp/service/docomo_mail/other/)で設定方法を確認できる。手順5で「個人用(IMAP)」をタップして設定を進めよう。また、「ドコモメール（ブラウザ版）」でWebブラウザからも利用できる。

auメール(ezweb.ne.jp/@au.com)

「その他のアプリにauメールを設定する」(https://www.au.com/mobile/service/email/other/)で設定方法を確認できる。また、「Webメール」でWebブラウザからも利用できる。

S!メール(softbank.ne.jp)

S!メールはGmailアプリで送受信できないが、有料の「S!メール(MMS)どこでもアクセス」を契約すれば、Webブラウザから利用できる。Softbank回線を解約したあともS!メールを使う場合は、「メールアドレス持ち運び」に加入することで、S!メールをIMAPで設定してGmailアプリで送受信できる。

方法2 Gmailアカウントに自宅や会社のアドレスを設定

1 Gmailにアクセスして設定を開く

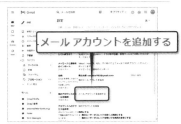

WebブラウザでWeb版のGmailにアクセスしたら、歯車ボタンをクリックして「すべての設定を表示」を開き、「アカウントとインポート」タブの「メールアカウントを追加する」をクリック。

2 Gmailで受信したいメールアドレスを入力

別ウィンドウでメールアカウントを追加するウィザードが開く。Gmailで受信したいメールアドレスを入力し、「次へ」をクリック。

3 「他のアカウントから〜」にチェックして「次へ」

追加するアドレスがYahoo、AOL、Outlook、Hotmailなどであれば、Gmailify機能で簡単にリンクできるが、その他のアドレスは「他のアカウントから〜」にチェックして「次へ」をクリック。

4 受信用のPOP3サーバーを設定する

POP3サーバー名やユーザー名／パスワードを入力して「アカウントを追加」。「〜ラベルを付ける」にチェックしておくと、あとでアカウントごとのメール整理が簡単だ。

5 送信元アドレスとして追加するか選択

このアカウントを送信元にも使いたい場合は、「はい」にチェックしたまま「次へ」。後からでも「設定」→「アカウントとインポート」→「他のメールアドレスを追加」で変更できる。

6 送信元アドレスの表示名などを入力

「はい」を選択した場合、送信元アドレスとして使った場合の差出人名を入力して「次のステップ」をクリック。

7 送信用のSMTPサーバーを設定する

↓

追加した送信元アドレスでメールを送信する際に使う、SMTPサーバの設定を入力して「アカウントを追加」をクリックすると、アカウントを認証するための確認メールが送信され、確認コードの入力欄が表示される。

8 確認メールで認証を済ませて設定完了

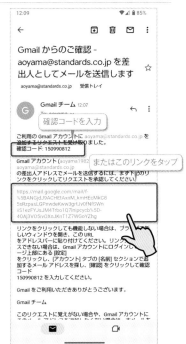

ここまでの設定が問題なければ、確認メールがGmail宛てに届く。「確認コード」の数字を入力欄に入力するか、または「下記のリンクをクリックして〜」をクリックすれば、認証が済み設定完了。

9 Gmailで会社や自宅のメールを管理

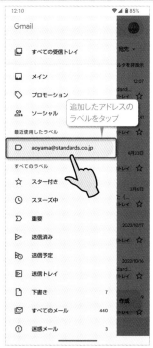

自宅や会社のメールをGmailでまとめて受信できるようになった。手順4で「ラベルを付ける」にチェックしていれば、追加したアカウントのラベルで、自宅や会社のメールのみを確認できる。

Gmailアプリで新規メールを作成して送信する

1 新たに送信する メールを作成する

Gmailアプリを起動すると、受信トレイが表示される。新規メールを作成するには、画面右下の作成ボタンをタップしよう。

2 メールの宛先 を入力する

Gmailに連絡先へのアクセスを許可しておけば、「To」欄にメールアドレスや名前の入力を始めた時点で、連絡帳内の宛先候補がポップアップ表示されるので、これをタップする。

3 件名や本文を入力し メールを送信する

件名や本文を入力し、上部の送信ボタンをタップすれば送信できる。作成途中で受信トレイなどに戻った場合は、自動的に「下書き」ラベルに保存される。

Gmailアプリで受信したメールを読む／返信する

1 受信トレイで 読みたいメールを開く

受信トレイでは、未読メールの送信元や件名が黒い太字で表示される。既読メールは文字がグレーになる。読みたいメールをタップしよう。

2 メールの返信や 転送を行う

メールの本文が表示される。返信や全員に返信、転送は、メール最下部のボタンか、送信者欄の右のボタンやオプションメニューで行える。

3 元のメッセージを 引用する

返信メールの作成画面。「…」をタップすると元のメッセージを表示し引用できる。また「…」のロングタップで元のメッセージの削除が可能。

Gmailアプリのその他覚えておきたい操作や機能

複数のメールを
まとめて操作する

各メールの左端にあるアイコン部分をタップすると選択モードになり、続けて別のメールのアイコンをタップすれば複数選択できる。上部メニューで、アーカイブや削除が行える。

メールをアーカイブ
または削除して整理する

「アーカイブ」をタップすると、メールは受信トレイから消えるが、「すべてのメール」ラベルで表示できる。既読メールを削除せずに受信トレイを整理したい時に利用しよう。「削除」をタップするとメールは「ゴミ箱」に移動し、30日経過すると完全に削除される。

メールにファイルを
添付する

メール作成画面のクリップボタンをタップすると、端末内のファイルや、Googleドライブ内のファイルを添付して送信できる。

宛先にCc／Bcc欄を
追加する

複数の相手にCcやBccで送信したい場合は、「To」欄右端の下矢印をタップすれば、To、Cc、Bcc欄が個別に開いてアドレスを入力できる。

送信元アドレスを
変更する

複数のメールアカウントを追加している場合は、メール作成時に送信者名をタップすると、送信元アドレスを他のアカウントに変更できる。

添付されたファイルを
開き保存する

添付ファイルをタップすれば、開くアプリを選択できる。またGoogleドライブボタンをタップすれば、Googleドライブに保存できる。

ラベル機能でGmailのメールを整理する

1 パソコンのWebブラウザでGmailにアクセス

GmailのラベルはWeb版のGmailで作成する必要がある。WebブラウザでGmailにアクセスしたら、歯車ボタンのメニューから「すべての設定を表示」をクリックし、「ラベル」タブで「新しいラベルを作成」をクリック。

2 新規ラベルを作成する

「仕事」「プライベート」など、メールを分類するラベルを作成しておこう。親ラベルを選択して、下位の子ラベルとして設定することも可能だ。

3 メールにラベルを付けて整理するには

Gmailアプリでメールにラベルを設定するには、まずメールを開いて、オプションメニューボタン→「ラベルを変更」をタップしよう。

4 メールに付けたいラベルを選択する

あらかじめ作成しておいたラベルが一覧表示されるので、このメールに設定したいラベルにチェックすればよい。なおラベルは、スマートフォンのChromeでGmail（https://mail.google.com/）へアクセスしても設定できる。ただし、PC版サイト閲覧の設定をオンにしておく必要がある（P054で解説）。

フィルタ機能でGmailを自動振り分けする

1 振り分けたいメールを開く

フィルタもWeb版Gmailでしか設定できない。自動で振り分けたいメールを開いて、上部の3つのドットボタンから「メールの自動振り分け設定」をクリックしよう。

2 フィルタ条件を設定する

振り分け条件の設定画面が開く。メールの送信元アドレスや、件名などを条件に指定して、「この検索条件でフィルタを作成」をクリック。

3 フィルタの処理内容を設定する

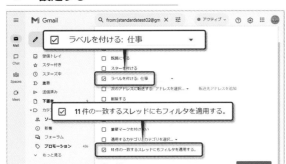

処理内容を設定する。「ラベルを付ける」にチェックし、自動で付けるラベルを指定しよう。「○件の一致する〜」にチェックで過去のメールにも適用できる。

4 条件に合うメールが自動で振り分けられる

特定の相手からのメールに「仕事」ラベルを付けるなど、フィルタ条件に合うメールが、設定した処理内容に従って自動で振り分けられる。

＋メッセージアプリでメッセージやスタンプを送受信する

1 メッセージを新規作成する

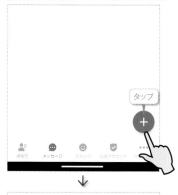

各キャリアの端末で標準インストールされている「＋メッセージ」アプリを起動し、「メッセージ」画面で右下の「＋」をタップ。続けて「新しいメッセージ」をタップする。

2 連絡先一覧から送信相手を選択する

連絡先一覧から送信相手を選択。＋メッセージのアイコンが表示されている電話番号（iPhoneも含む）は、＋メッセージで送信できる。＋メッセージを使っていない電話番号宛てには、SMSで送信することになる。

3 メッセージを入力して送信する

「メッセージを入力」欄にメッセージ本文を入力し、送信ボタンをタップすれば、メッセージが送信される。

4 画像やスタンプを送信するには

「メッセージを入力」欄左端の「＋」ボタンをタップするとメニューが表示され、画像や動画、音声、スタンプ、位置情報などを送信できる。

5 SMSでメッセージを送信するには

「＋メッセージ」を使っていない相手の電話番号にメッセージを送る際は、自動的にSMSで送信され、メッセージにも「SMS」と表示される。「＋メッセージ」を利用中の相手にあえてSMSで送信したい場合は、メッセージ画面の右上の三本線ボタンをタップし、「SMSに切替」をオンにすればよい。

┃使いこなしヒント┃

Googleメッセージを利用する場合

Pixelシリーズや格安スマホでは、SMSメッセージアプリとしてGoogle標準の「メッセージ」が搭載されている場合もある。LINEや＋メッセージと同様に写真やステッカー（スタンプ）も送信できるが、相手もGoogle標準のメッセージを使っていないと、SMSでテキストしか送信できない。＋メッセージとGoogleメッセージを同時にインストールすることも可能だが、デフォルトのSMSアプリとして設定できるのはどちらかひとつだけとなる。

Chrome

Webサイトを自由自在に閲覧してみよう

Googleアカウントでログインするだけでリアルタイム同期

　スマートフォンには、Google製の「Chrome」が標準Webブラウザとして搭載されている。Chromeにはさまざまな機能が備わっているが、なかでも便利なのが、Googleアカウントで他のデバイスと簡単に同期できる点。パソコン版、Android版、iOS版のChromeで、それぞれ同じGoogleアカウントでログインするだけで、各デバイスで開いているタブやブックマーク、履歴などを相互に利用できる。特にタブの同期は便利で、他のデバイスで開いたタブがリアルタイムで反映されるため、直前までパソコンで閲覧していたサイトを、すぐにスマートフォンで開き直すといった使い方が可能だ。

🔒 news.yahoo.co.jp

● **URL表示とキーワード検索**
表示中のWebページのURLが表示される。またキーワードを入力するとGoogle検索ができる。

● **ツールバーショートカット**
「新しいタブ」「共有」「音声検索」のうちよく使う機能が表示される。機能の固定や非表示も可能。この「+」は「新しいタブ」のボタン。

● **タブの切り替え**
タブを一覧表示して切り替える。ボタン内の数字は現在開いているタブの数。

● **オプションメニュー**
シークレットタブやブックマーク、履歴、設定などその他のメニューを表示する。

✓ 使い始め
POINT!

Chromeの基本操作

1 URLか検索キーワードを入力してサイトを開く

URLか検索キーワードを入力

画面上部のURL欄が表示されない時は、画面を少し下にスワイプしてみよう

画面上部のURL欄をタップして、検索キーワードを入力すればGoogleでのWebページ検索が行われる。URLを直接入力することも可能だ。

2 ページの「戻る」と「進む」の操作を覚えよう

オプションメニューから「→」をタップして次のページに進む

下部のナビゲーションバーにバックキーが表示されているなら、バックキーをタップして前のページに戻る。表示されていないなら、画面の右端または左端を画面中央に向けてスワイプし、「<」マークが表示されたら指を離すと前のページに戻る

前のページに戻りたい時はバックキーをタップするか、左か右の画面端を中央に向けてスワイプ。先のページに進みたい時はオプションメニューボタンから操作しよう。

3 ピンチイン／アウトで表示の拡大縮小

ピンチイン／アウトで表示の縮小／拡大を行う

ピンチイン／アウト操作で表示の縮小／拡大が可能だ。ただし、Webサイトによってはピンチイン／アウト操作を受け付けないものもある。

タブの切り替え／タブの管理

1 新しいタブを開く

ツールバーショートカットに「+」ボタンが表示されている場合は、これをタップすると新しいタブが開く。タブボタンをタップしてタブ一覧を開き、左上の「新しいタブ」をタップしてもよい。

2 タブの切り替えと不要なタブの閉じ方

タブを切り替えるには、画面右上のタブボタンをタップ。タブ一覧から、切り替えたいページをタップしよう。不要なタブは「×」をタップすると閉じることができる。

3 タブをグループ化する

タブ一覧画面でタブをロングタップし、他のタブにドラッグして重ねると、タブをグループ化できる。同じカテゴリのWebサイトをまとめたり、製品を見比べたりしたい時に便利だ。

ブックマークを利用する

1 ブックマークを登録する

オプションメニューを開いて「☆」をタップすると、表示中のページをブックマークに登録できる。登録したブックマーク一覧を開くには、「ブックマーク」をタップ。

2 他のデバイスで登録したブックマークを開く

ChromeにGoogleアカウントでログインしておけば、同じGoogleアカウントでログインしているパソコンやタブレット、iPhoneのChromeのブックマークも利用できる。

3 ブックマークを編集、削除する

ブックマークのひとつをロングタップすると選択モードになり、上部のボタンで編集やフォルダ移動、削除を行える。ブックマーク名右端のオプションメニューからでも編集や削除が可能。

ページ内検索／画像の保存

1 表示中のページ内を キーワード検索する

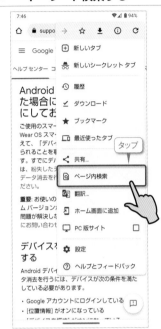

表示中のページ内から、特定の文字列をキーワード検索するには、まずオプションメニューボタンから「ページ内検索」をタップする。

2 キーワードが ハイライト表示される

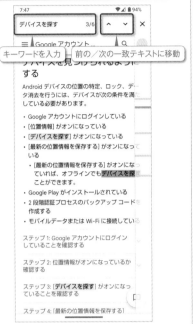

検索欄にキーワードを入力すれば、ページ内で一致するテキストがハイライト表示される。右側のバー表示で一致したテキストの位置も分かるようになっている。

ー ページ内の画像を 端末内に保存する

Webページ内の画像をロングタップして、表示されたメニューで「画像をダウンロード」をタップすれば、画像が「Download」フォルダに保存される。

PC版サイトの表示／ページの共有

1 サイト表示をパソコン 向けに切り替える

オプションメニューの「PC版サイト」を選択すれば、Webサイトの表示をスマートフォン向けの表示からパソコン向けの表示に切り替えることができる。

2 画面がパソコン 向けの表示に切り替わる

例えば、「Yahoo! Japan」の場合、パソコンで見慣れたページデザインで表示される。好みに応じて好きな方を使おう。なお、表示が切り替わらないサイトもある。

ー 開いているサイトを 家族や友人に共有する

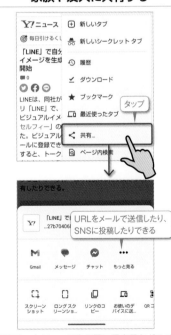

気になったニュースやお買い得商品などのページを家族や友人に知らせたい時は、オプションメニューから「共有」をタップして、メールやLINEでURLを送信すればよい。

最近使ったタブ／履歴の確認

1 最近使ったタブや履歴をチェック

右上のオプションメニューから、「最近使ったタブ」や「履歴」をタップすれば、開いているタブや閲覧履歴を確認できる。

2 最近閉じたタブや他のデバイスのタブを確認

「最近使ったタブ」では、この端末で最近閉じたタブのほか、同じGoogleアカウントでログインしていれば、他のデバイスのChromeで開いているタブも表示される。

3 他のデバイスの履歴もまとめて確認

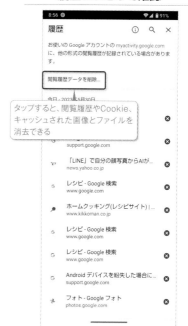

「履歴」では、この端末の閲覧履歴のほか、同じGoogleアカウントでログインしていれば、他のデバイスのChrome閲覧履歴もあわせて確認できる。履歴データの削除も可能だ。

シークレットタブ／パスワードの管理

－ シークレットタブで履歴を残さず閲覧する

オプションメニューで「新しいシークレットタブ」をタップすると、シークレットタブが開き、閲覧履歴やCookieを残さずにWebページを閲覧できる。

1 Chromeにログインパスワードを保存する

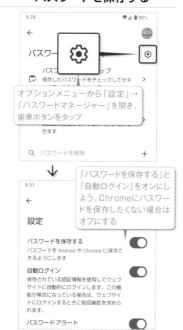

Chromeの設定で「パスワードを保存する」と「自動ログイン」をオンにすると、一度ログインしたWebサービスのログイン情報が保存され、次回からは自動ログインできるようになる。

2 保存したパスワードの確認と削除

「パスワードマネージャー」画面では、パスワードを保存済みのWebサービスも確認できる。タップして画面ロックを解除すると、ログインIDとパスワードを表示したり削除できる。

Playストア（アプリのインストール）

Googleのストアからアプリやコンテンツを入手する

あらゆるジャンルの便利アプリが見つかる

スマートフォンで使うさまざまなアプリは、Google公式のオンラインストア「Playストア」から入手できる。標準インストールされている「Playストア」アプリを起動して、欲しいアプリを探し出そう。アプリは無料でも十分高機能で実用的なものが多いので、まずは無料アプリを試してみるのがおすすめだ。有料アプリを購入する場合は、支払い方法の登録が必要となる。クレジットカード以外に、通信会社への支払いに合算する「キャリア決済」や、コンビニなどで買える「Google Playギフトカード」などで支払うことが可能だ。またPlayストアでは、アプリのほかに映画や電子書籍なども購入できる。

● Playストアのメニュー

タップ

Playストアを起動して画面右上のアカウントボタンをタップすると、メニューが表示される。「アプリとデバイスの管理」でアプリの管理や手動更新ができるほか、「お支払いと定期購入」で支払い方法の変更や定期購入の解約をしたり、「ライブラリ」でほしいものリストを確認するといった操作を行える。また「設定」をタップすると、Playストア全般の設定や、家族でコンテンツを共有する「ファミリーライブラリ」の登録などを行える。ヘルプもこのメニューから確認できるので、操作に困った時に利用しよう。

✅ 使い始め POINT!

使いたいアプリを見つけ出す

1 「アプリ」や「ゲーム」画面を開く

Playストアアプリを起動し、アプリを探すなら下部のメニューの「アプリ」画面を、ゲームを探すなら「ゲーム」画面を開こう。

2 ランキングやカテゴリから探す

人気のアプリは「ランキング」タブから探そう。画面上部の「無料」をタップして「売上トップ」「有料トップ」に切り替えたり、「カテゴリ別」でカテゴリを絞り込める。

3 キーワード検索でアプリを探す

複数のワードで絞り込もう。また、英語で検索すると別の優良アプリが見つかることもあるので試してみよう

画面上部の検索ボックスをタップすると、キーワードでアプリを検索できる。「カメラ　加工　無料」など具体的な言葉で絞り込もう。

4 アプリの詳細な内容や評価をチェックする

LINE Camera - 写真編集 & オシャレ加工

オプションメニューボタンから「ほしいものリストに追加」をタップすると、メニューの「ライブラリ」→「ほしいものリスト」に追加されいつでも確認できる

このアプリについて

「このアプリについて」をタップして更新日やサイズも確認。ユーザーレビューや「類似のアプリ」もチェックしよう

アプリを選んでタップし、内容を表示。特に有料アプリは入念にチェックしよう。目安として、ダウンロード数と評価点（5点満点）の両方高いものが優れたアプリだ。

無料アプリをインストールする

1 アプリの詳細画面で 「インストール」をタップ

タップしてインストール開始。モバイルデータ通信でも問題ないが、サイズの大きいアプリの場合はWi-Fiを推奨するメッセージが表示される

内容や評価をひと通りチェックし、特に問題がないようであれば詳細画面で「インストール」をタップしよう。

2 インストールが完了 したらアプリを開く

タップして起動

インストールが完了すると、「開く」と「アンインストール」ボタンが表示される。「開く」をタップしてアプリを起動しよう。

3 ホーム画面やアプリ管理 画面にもアプリが追加

アプリアイコンを確認

ホーム画面にアプリが表示されない場合は設定をチェック。ホーム画面をロングタップし、表示されるメニューで「ホームの設定」をタップ。表示される設定画面で「ホーム画面にアプリのアイコンを追加」のスイッチをオンにすればよい

ホーム画面やアプリ管理画面にも、インストールしたアプリが追加されているので、確認しておこう。

有料アプリをインストールする

1 アプリ詳細画面で 価格表示部分をタップ

タップ

アプリ詳細画面で価格表示部分をタップしよう。すでに支払い情報の登録を済ませているなら、手順5に進んでアプリの購入を行う。

2 支払い情報が 未登録の場合

支払い情報が未登録の場合は、このような画面が表示されて情報の追加を求められる。アプリの購入に使う決済方法を選択しよう。

3 クレジットカードや キャリア決済を使う

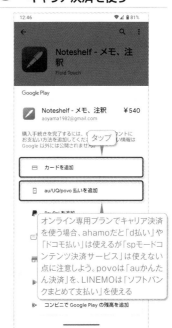

タップ

オンライン専用プランでキャリア決済を使う場合、ahamoだと「d払い」や「ドコモ払い」は使えるが「spモードコンテンツ決済サービス」は使えない点に注意しよう。povoは「auかんたん決済」を、LINEMOは「ソフトバンクまとめて支払い」を使える

クレジットカードで支払う場合は「カードを追加」をタップし、カード番号や使用期限を登録する。キャリア決済で通信料金と合算して支払う場合は「au/UQ/povo払いを追加」などをタップ。

4 Googleのプリペイドカードで支払いを行う場合

「コードの利用」をタップすれば、コンビニなどで購入できる「Google Playギフトカード」を支払いに利用できる。カード裏面を削ると現れるコードを入力するか、「ギフトカードのスキャン」でバーコードをスキャンすると、ギフトカードの金額がGoogleアカウントにチャージされアプリを購入できるようになる。

5 「購入」をタップしてアプリを購入

支払い方法を登録後、表示される「1クリックで購入」ボタンをタップすればインストールが開始される。続いてパスワードの入力を求められるが、設定で「生体認証」をオンにしておけば、今後は顔や指紋などの生体認証でアプリを購入できるようになる（P059で解説）。

6 インストールが完了したらアプリを開く

インストールが完了したら、無料アプリと同様に「開く」をタップすればアプリを起動できる。ホーム画面やアプリ管理画面にも、インストールしたアプリが追加されているので、確認しておこう。一度購入した有料アプリは、端末からアンインストールしても、無料で再インストールできる。

支払い方法の変更やアプリの払い戻し

1 支払い方法を変更する

一度支払い方法を登録すれば、次からもその方法で支払われる。購入時に支払い方法が表示されるので確認しよう。また、別の支払い方法を使いたい場合は、購入画面の支払い方法欄をタップすれば、他の支払い方法を選択したり、新しく支払方法を追加することが可能だ。

2 メニューで支払い方法を確認、追加、削除する

メニューの「お支払いと定期購入」→「お支払い方法」で各種支払い方法を追加登録できる。また、「お支払いに関するその他の設定」では、支払い情報の削除も行える。

3 購入したアプリの払い戻し方法

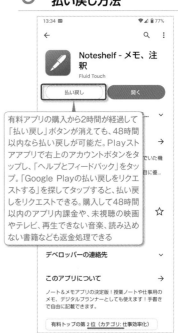

購入した有料アプリは、2時間以内なら払い戻し可能だ。購入後に表示される「払い戻し」ボタンをタップするだけで返金され、Gmailにキャンセルの明細が届く。

Playストアの各種機能を利用する

1 アプリ購入時の認証も生体認証で行う

ロック解除用に顔や指紋を登録した上で、「生体認証」のスイッチをオンにしておく

「購入時には認証を必要とする」は「すべての購入」を選択しておく

右上のアカウントボタンをタップしてメニューを開き、「設定」→「認証」をタップして表示される「生体認証」をオンにすると、Playストアでの購入時の認証も顔や指紋で行えるようになる。認証の手間がかからないので、その下の「購入時には認証を必要とする」は「このデバイスでのGoogle Playからのすべての購入」を選択しておこう。なお、キャリア決済では、生体認証を利用できない。

2 アプリの自動更新に関する設定

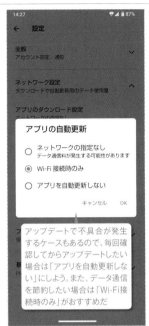

アップデートで不具合が発生するケースもあるので、毎回確認してからアップデートしたい場合は「アプリを自動更新しない」にしよう。また、データ通信を節約したい場合は「Wi-Fi接続時のみ」がおすすめだ

アプリのアップデートが配信された際、自動で更新するかどうかは、メニューの「設定」→「ネットワーク設定」→「アプリの自動更新」で設定できる。

3 アプリを手動で更新する

タップ

タップ

アプリを手動で更新するには、メニューを開いて「アプリとデバイスの管理」をタップ。「アップデート利用可能」でアップデートしたいアプリの「更新」をタップしよう。「すべて更新」でまとめてアップデートすることもできる。

Playストアで電子書籍を購入する

1 電子書籍を購入する

タップ

下部メニューの「書籍」画面を開くと電子書籍を探して購入できる。「無料サンプル」で内容の一部を試し読みできるほか、1巻のみ無料や期間限定の無料タイトルなども配信されている。

2 購入した電子書籍を読む

「ライブラリ」画面に購入済みの電子書籍が一覧表示される

購入した電子書籍を読むには「Playブックス」アプリが必要となる。Playブックスがインストールされていない場合はインストールが促される。

使いこなしヒント

映画やドラマの購入はGoogle TVを利用する

以前はPlayストアアプリで映画やドラマの購入およびレンタルが行えたが、現在は「Google TV」アプリから購入やレンタルを行う必要がある。Google TVの配信タイトルだけでなく、HuluやPrime Video、Disney+など複数サービスの配信タイトルをまとめて検索して視聴できる。

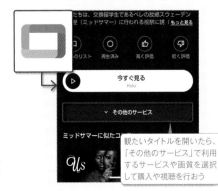

観たいタイトルを開いたら、「その他のサービス」で利用するサービスや画質を選択して購入や視聴を行おう

ホーム画面とウィジェット

ホーム画面を使いやすくカスタマイズしてみよう

「ホームアプリ」の変更で
ホーム画面の見た目が変わる

　スマートフォンのホーム画面は、使用する「ホームアプリ」によってデザインや機能が異なる。例えばAQUOSシリーズの場合は、AQUOS独自のホームアプリとして「AQUOS HOME」と「AQUOSかんたんホーム」の2種類が用意されているほか、docomo版は独自のホームアプリを選択することもできる。ホームアプリによって操作法も異なるが、ホーム画面の設定や編集、ウィジェットの追加方法などはある程度共通している。まずは基本的な操作方法を覚え、その上で使いやすいホームアプリを選ぼう。なお、ここでは、「AQUOS HOME」アプリを用いて記事を作成している。

● AQUOS HOME　デフォルトのホームアプリ
◉ AQUOS Home
○ AQUOSかんたんホーム

● AQUOSかんたんホーム　デフォルトのホームアプリ
○ AQUOS Home
◉ AQUOSかんたんホーム

時計　Play ストア　Google
1 未登録　2 未登録　3 未登録　アプリ

● **好きなホームアプリに切り替える**
スマートフォンのホームアプリは、「設定」の「ホーム切替」や「アプリ」→「デフォルトのアプリ」といった項目で切り替えることができる。

✅ 使い始め
POINT!

ホーム画面を編集する

1 新しいホーム画面を追加する

複数のページで構成されるホーム画面の一番右のページで、アプリを右端までドラッグすると、新規のページが追加される

適当なアプリをロングタップして、そのまま右端までドラッグすれば、新しいページが追加されてアプリを配置できる。

2 ホーム画面の編集メニューを表示

何もない場所をロングタップ

壁紙とスタイル
ウィジェット
ホームの設定

ホーム画面の何もないエリアをロングタップするとメニューが表示され、壁紙の変更やウィジェットの配置を行える。機種によっては、編集モードになりページの入れ替えなども可能。

3 ホーム画面の設定を変更する

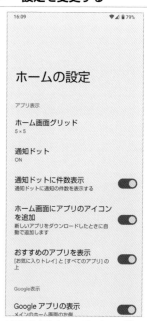

ホームの設定

アプリ表示

ホーム画面グリッド
5×5

通知ドット
ON

通知ドットに件数表示
通知ドットに通知の件数を表示する

ホーム画面にアプリのアイコンを追加
新しいアプリをダウンロードしたときに自動で追加します

おすすめのアプリを表示
[お気に入りトレイ]と[すべてのアプリ]の上

Google表示

Googleアプリの表示
メインのホーム画面の左側

ホーム画面の何もないエリアとロングタップして表示されるメニューで「ホームの設定」をタップすると、ホーム画面の設定が開く。ホームアプリによってさまざまな機能が用意されているので確認しておこう。

ホーム／ロック画面の壁紙を変更する

1 「壁紙とスタイル」の設定画面を開く

タップ。「設定」→「壁紙とスタイル」から設定画面を開いてもよい

ホーム画面やロック画面の壁紙を変更するには、ホーム画面の何もない場所をロングタップして、表示されるメニューで「壁紙とスタイル」をタップする。

2 壁紙にする画像を選択する

タップして壁紙を選択。なお、「壁紙とスタイル」の他の設定項目についてはP089で詳しく解説する

「画像を選択」をタップして、内蔵の壁紙やライブ壁紙から選択しよう。「フォト」アプリにある自分で撮影した写真や保存した画像から選択して壁紙に設定することもできる。

3 ホーム／ロック画面どちらに設定するか選択

壁紙を選んで「保存」をタップ。壁紙をホーム画面、ロック画面、ホーム画面とロック画面両方のどれに設定するか選択すれば、新しい壁紙が反映される。

ホーム画面にウィジェットを追加する

1 ホーム画面の編集メニューで「ウィジェット」をタップ

タップ

Android端末ではホーム画面に、時計や天気予報など、さまざまな情報を表示できるパネル状のツール「ウィジェット」を配置できる。まずホーム画面の何もない場所をロングタップし、「ウィジェット」をタップ。

2 ウィジェットを選んでロングタップする

たとえばGoogleカレンダーの場合は、直近のスケジュールを一覧表示するウィジェットと、月間カレンダーを表示するウィジェットの2種類が用意されている。ホーム画面に配置しておきたいタイプを選んでロングタップしよう。ここではスケジュールのウィジェットを選択する

ウィジェットが用意されているアプリが一覧表示されるので、ホーム画面に配置したいウィジェットをロングタップしよう。

3 ウィジェットをホーム画面に配置する

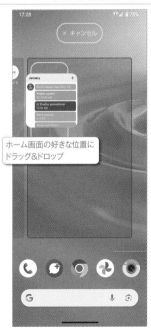

ホーム画面の好きな位置にドラッグ&ドロップ

そのままウィジェットをホーム画面にドラッグ&ドロップすれば配置できる。また配置したウィジェットをロングタップすれば、サイズの変更や削除が可能だ。

カメラ

「カメラ」アプリで写真やビデオを撮影する

カメラアプリの基本的な操作を押さえよう

機種によって標準で用意されているカメラアプリは異なるが、ここでは、AQUOS sense6の「カメラ」を例に解説する。他にもPlayストアでは、特徴的な機能を備えたカメラアプリが多数公開されているので、自分で使いやすいものを探してみるのもいいだろう。もちろん細かな操作はそれぞれで違うが、画面内をタップしてピントを合わせ、シャッターボタンをタップして撮影するという基本操作はどれも同じだ。写真やビデオの解像度変更、位置情報の付加なども、ほとんどのカメラアプリで設定できる。撮影した写真やビデオは、「フォト」アプリ（P066）で管理しよう。

● ズームは画質の劣化に注意しよう

カメラの画面内をピンチ操作すると被写体を拡大して撮影できるが、これはトリミングしただけの「デジタルズーム」なので、画面を拡大すればするほど画質は劣化する。ただし広角や望遠など複数のカメラを搭載したスマートフォンであれば、そのカメラのズーム倍率に合わせた場合のみ、画質を劣化させずに「光学ズーム」で撮影できる。例えば倍率が「0.7x」の広角カメラと「1.0x」の標準カメラ、「2.0x」の望遠カメラを備えた機種であれば、「0.7x」「1.0x」「2.0x」のズーム倍率で撮影したときは画質が劣化しない。その他の「1.2x」や「3.5x」などの倍率で撮影するとデジタルズーム撮影になり、画質は少し劣化する。

機種によって操作は異なるが、プレビュー画面の下部に広角カメラや望遠カメラへの切り替えボタンが用意されており、ワンタップでそのカメラの倍率に切り替えできる場合が多い。AQUOS sence6の場合は、「1.0x」が標準カメラのズーム倍率で、左の「・」をタップすると「0.7x」の広角カメラに、右の「・」をタップすると「2.0x」の望遠カメラに切り替わり、光学ズームで画質を劣化させずに撮影できる

✓ 使い始め
POINT!

カメラアプリで写真や動画を撮影する

1 カメラで写真を撮影する

基本的には自動でピントが合う。目的の被写体にうまくピントが合わない場合は、画面内のピントを合わせたい場所をタップ

タップして撮影

画面内タップでピントと露出を合わせ、下部のシャッターボタンをタップして撮影。音量ボタンを押してもシャッターを切れる。

2 カメラで動画を撮影する

タップして録画停止

タップして録画中に写真撮影

シャッターボタンの下部メニューを「ビデオ」に合わせて、録画ボタンをタップすれば動画撮影が開始される。録画中はシャッターボタンで静止画の撮影もできる。

3 ピンチ操作でズームイン／アウト

ピンチ操作で画面を拡大／縮小できる

14.4x

0.7　1.0　2.0　4.0　8.0　16.0

ピンチ操作で画面内に表示されるズームバーをドラッグしてもよい

写真や動画の撮影中に、画面内を2本指で押し広げるとズームイン、つまむように操作するとズームアウトする。

カメラアプリの基本的な機能と操作

1 直前に撮影した写真や動画を確認する

シャッターボタン横のサムネイル画像をタップすると、直前に撮影した写真や動画をプレビュー表示することができる。

2 セルフィー（自撮り）写真を撮影する

回転マークが付いたボタンをタップすると、フロントカメラに切り替わり、セルフィー（自撮り）写真を撮影できる。もう一度タップすると背面カメラに戻る。

3 写真を連続撮影する

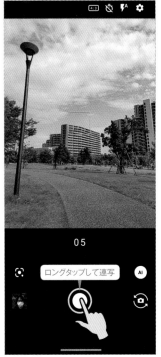

多くのカメラアプリでは、シャッターボタンをロングタップすることで写真を高速連写できる。シャッターチャンスを逃したくない時に利用しよう。

4 フラッシュのオン／オフを切り替える

フラッシュボタンをタップすると、フラッシュのオン、オフ、自動などを切り替えできる。フラッシュを使うと写真の色合いが不自然になりがちなので、基本はオフがおすすめ。

5 セルフタイマーで一定時間後に撮影

セルフタイマーボタンをタップして有効にすると、カウントダウン後にシャッターを切れる。タイマーは3秒や5秒、10秒で設定できるのが一般的だ。

6 アスペクト比を変更して撮影する

アスペクト比変更ボタンをタップすると、写真のアスペクト比（縦横比）を4:3や16:9、スクエアなどに変更して撮影できる。

撮影モードの変更と確認しておきたい設定項目

1 マニュアルモードで撮影する

「マニュアル写真」や「マニュアルビデオ」モードが搭載された機種なら、ホワイトバランスやISO感度など、各種設定を手動で細かく調整しながら撮影できる。

2 スロービデオを撮影する

「スローモーション」モードが搭載された機種なら、動画の一部をスローで再生する動画を撮影できる。スロー再生する箇所は、フォトアプリの編集画面で自由に調整できる。

3 タイムラプスでコマ送り動画を撮影

「タイムラプス」モードが搭載された機種なら一定時間ごとに静止画を撮影し、それをつなげた早回しのコマ送りビデオを作成できる。

4 写真や動画の保存先を変更する

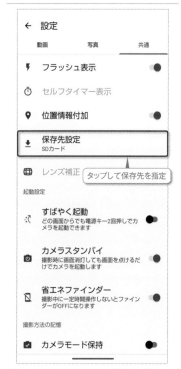

SDカードスロットを備えた機種で、SDカードを挿入しているなら、カメラの設定で「保存先」などの項目をタップして、写真や動画の保存先をSDカードに変更できる。

5 撮影した写真や動画に位置情報を付加する

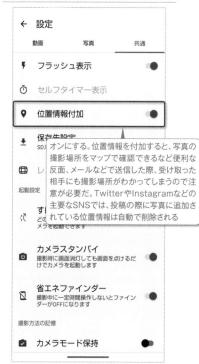

オンにする。位置情報を付加すると、写真の撮影場所をマップで確認できるなど便利な反面、メールなどで送信した際、受け取った相手にも撮影場所がわかってしまうので注意が必要だ。TwitterやInstagramなどの主要なSNSでは、投稿の際に写真に追加されている位置情報は自動で削除される

カメラの設定で「位置情報付加」といった項目をオンにしておけば、撮影した写真や動画に位置情報を付加できる。

6 写真や動画の撮影サイズを変更する

カメラの設定で「写真サイズ」や「ビデオサイズ」などの項目をタップすると、写真や動画の撮影サイズを変更できる。動画はフレームレートを変更できる場合もある。

知っておくと便利な撮影テクニック

1 カメラを素早く起動する

> ロック画面のカメラボタンを斜め上にスワイプするかロングタップするとカメラが起動する

> 機種によっては、電源キーを2回押すなどの操作でカメラを素早く起動できる設定が用意されている

すぐに撮影したい時は、ロック画面のカメラボタンを斜め上にスワイプするかロングタップするとカメラが起動するので覚えておこう。電源キーの2回押しなどで起動できる場合もある。

2 ガイド線を表示させて構図を決める

カメラの設定で「ガイド線」や「グリッド」といった項目をオンにすると、カメラの画面内に補助線が表示され、構図やバランスを決めやすくなる。

3 タップした場所でピントと露出を調整

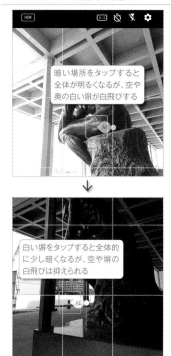

> 暗い場所をタップすると全体が明るくなるが、空や奥の白い塀が白飛びする

> 白い塀をタップすると全体的に少し暗くなるが、空や塀の白飛びは抑えられる

カメラはタップした位置でピントと露出が自動調整されるので、暗いところをタップすれば明るく、明るいところをタップすれば暗くなる。画面が白飛びする場合などは明るい場所をタップして調整してみよう。

4 露出を手動で調整する

> 画面をタップしてピントと露出を合わせ、そのまま上下にドラッグすると画面を明るくしたり暗くできる。この操作で調整するのではなく、メニューに露出調整用のボタンが用意されている場合もある

機種によっては、画面内をタップしてそのまま上下にドラッグすることで露出を手動で調整できる。逆光でうまく撮影したい時などに利用しよう。

5 写り込みを防いで撮影する

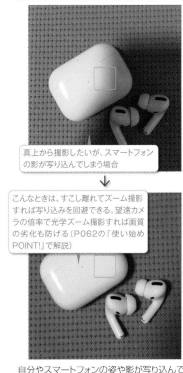

> 真上から撮影したいが、スマートフォンの影が写り込んでしまう場合

> こんなときは、すこし離れてズーム撮影すれば写り込みを回避できる。望遠カメラの倍率で光学ズーム撮影すれば画質の劣化も防げる（P062の「使い始めPOINT!」で解説）

自分やスマートフォンの姿や影が写り込んでしまうのを防ぐには、カメラを少し離してズームで撮影すればよい。

6 Googleレンズで被写体を調べる

> Googleレンズで被写体の情報を調べたりテキストを認識できる。なお、カメラでバーコードやQRコードを読み取ることもできる

カメラの画面内にある「Googleレンズ」ボタンをタップすると、Googleレンズが起動し、カメラで写した被写体の情報を検索したり、テキストを認識して翻訳できる。

フォト

撮影した写真や動画を閲覧・編集する

使いやすく多機能な写真管理アプリ

撮影した写真や動画は、標準インストールされている「フォト」アプリで管理しよう。下部メニューの「フォト」画面を開くと、端末内やSDカード内、Googleのクラウドサーバーに保存されている写真と動画が一覧表示され、タップして閲覧や再生を行える。「検索」画面では、撮影場所やよく写っている人物から探し出したり、「花」や「ラーメン」といった写真に写っている内容をキーワードに検索することが可能だ。また編集機能も充実しており、切り抜きや回転、明るさやコントラストの調整、フィルタの適用など、さまざまな加工ができる。撮影した写真や動画を、クラウド上に自動でバックアップする機能も備えている。

使い始め POINT!

● 撮影した写真や動画を自動バックアップする

画面右上にあるアカウントボタンをタップし、「フォトの設定」→「バックアップ」でスイッチをオンにしておくと、撮影した写真や動画は、Googleのクラウドサーバーに自動でバックアップされるようになる。ただしGoogleアカウントのストレージ容量（無料では最大15GBまで）を消費するので、空き容量が足りないとバックアップできない。ストレージ容量を追加購入するか、古い写真を削除するなどして対応しよう。クラウド上に元の画質のまま保存するか、少し画質を下げて容量を節約するかも選択できる。

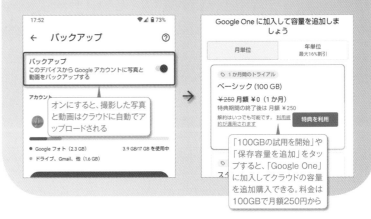

オンにすると、撮影した写真と動画はクラウドに自動でアップロードされる

「100GBの試用を開始」や「保存容量を追加」をタップすると、「Google One」に加入してクラウドの容量を追加購入できる。料金は100GBで月額250円から

写真や動画を閲覧する

1 閲覧したい写真や動画をタップする

フォトアプリを起動すると、「フォト」画面で端末内やクラウド上に保存した写真がサムネイルで一覧表示されるので、見たい写真をタップしよう。

2 写真の表示画面とメニュー表示

左から共有、編集、Googleレンズ、削除ボタン。なお、Googleレンズは、被写体の情報を調べたり写っているテキストを翻訳してくれる機能だ

写真が表示される。画面内を一度タップするとメニューが表示され、他のユーザーへの写真送付や編集、削除などの操作を行える。

3 動画を再生するには

タップして再生／一時停止

動画のサムネイルをタップすると再生が開始される。画面内をタップすると、再生／一時停止ボタンやシークバーが表示される。

写真や動画の検索と編集

1 写っている被写体で写真をキーワード検索する

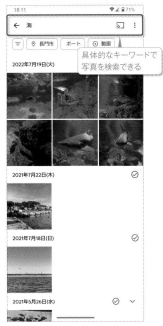

具体的なキーワードで写真を検索できる

上部の検索欄で、場所（「京都」「鎌倉」など）や、被写体の種類（「猫」「ケーキ」など）、シチュエーション（「海」「夜」など）を入力すれば、そのキーワードに合う写真が検出される。

2 写真に編集を加える

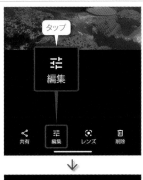

タップ

写真の表示画面で編集ボタンをタップすると、各種フィルタの適用や、明るさやカラーの調整、傾き補正や切り抜きなどを行える。①マークが付いた機能は、クラウド容量を追加購入した「Google One」ユーザーのみ利用できる。

3 動画に編集を加える

スタビライズボタンをタップすると、手ブレの補正処理を行う

動画の場合も編集ボタンのタップで編集モードになり、カット編集や画面の回転が可能。スタビライズボタンをタップすると手ぶれを補正できる。

フォトアプリのその他の機能

1 写真や動画の削除と復元

ゴミ箱ボタンで削除。クラウド上にバックアップされた写真や動画も削除されるので注意しよう

削除しても60日間（バックアップされていないファイルは30日間）は、「ライブラリ」→「ゴミ箱」で選択して「復元」をタップすることで復元できる

写真やビデオをロングタップして複数を選択状態にし、ゴミ箱ボタンをタップすると削除できる。削除しても「ライブラリ」→「ゴミ箱」に60日間は残っており、選択して「復元」をタップして復元できる。

2 バックアップ済みの写真や動画を削除する

右上のアカウントボタンから「フォトの設定」→「デバイスの空き容量の確保」をタップ

クラウド上にバックアップ済みなら、「デバイスの空き容量の確保」で端末内の写真や動画を削除しても、フォトアプリで変わらず写真を見ることができる。ただしネット接続が必要となる点に注意しよう。

3 バックアップした写真をパソコンで表示する

Webブラウザでhttps://photos.google.com/にアクセスすると、バックアップ済みの写真やビデオが表示される

写真やビデオを複数選択した状態で、右上のオプションメニューから「ダウンロード」をタップすると、ZIPで圧縮してダウンロードできる

クラウド上にバックアップされた写真は、パソコンのWebブラウザでGoogleフォト（https://photos.google.com/）にアクセスすれば表示できる。

YouTube Music

YouTubeと統合された標準音楽プレイヤー

手持ちの曲を無料で最大10万曲までアップできる

Android標準の音楽プレイヤーとして用意されているのが「YouTube Music」（ホーム画面やアプリ管理画面にあるアプリ名は「YT Music」と表示されている）だ。端末内の曲を再生できるだけでなく、パソコンなどにある手持ちの曲を最大10万曲まで無料でクラウド上にアップロードでき、ストリーミング再生やダウンロード再生できる点が最大の魅力。また、YouTubeにアップされた最新MVや自動生成されたプレイリストなどを楽しめるので、新しい曲にも出会いやすい。ただYouTubeと統合されたことで、インターフェイスが煩雑になっており、音楽プレイヤーとしては少し使い勝手が悪い。端末内の音楽を再生するだけなら、もっとシンプルな音楽プレイヤーに乗り換えるのもいいだろう。

● パソコンの曲をライブラリに追加する

✅ 使い始め
POINT!

端末内にコピーする方法

「Music」以外の適当なフォルダにコピーしても問題ない

パソコンとスマートフォンをUSBケーブルで接続し、「ファイル転送」モードにしたら、スマートフォンの内部ストレージやSDカードのフォルダを開く。「Music」など適当なフォルダを作成して曲をコピーしておけば、YouTube Musicアプリが自動的に曲ファイルを認識してくれる。

クラウドにアップする方法

Web版YouTube Musicの画面内に、曲が入ったフォルダをドロップ

パソコンのWebブラウザでYouTube Music（https://music.youtube.com/）にアクセスし、パソコンの曲が入ったフォルダを画面内にドラッグ&ドロップすると、最大10万曲までクラウド上にアップロードできる。クラウド上の曲はストリーミング再生できるほか、端末内にダウンロードしておけばオフラインでも再生できる。

端末内の曲やクラウドにアップした曲を再生する

1 「ライブラリ」画面を開く

プレイリストや曲、アルバムで絞り込む

タップ

ライブラリ

下部の「ライブラリ」画面を開くと、標準ではYouTubeからライブラリに追加した曲やアルバムが表示される。上部メニューの「曲」や「アルバム」などでライブラリ内の曲を絞り込める。

2 端末内の曲などを表示する

タップ

「オフライン」は一時保存した曲を、「アップロード」は自分でクラウドにアップした曲を、「デバイスのファイル」は内部ストレージやSDカード内に保存した端末内の曲を表示する

ライブラリ
オフライン
✓ アップロード
デバイスのファイル

上部メニューの「ライブラリ」をタップしてメニューを開くと、自分でクラウドにアップした曲や端末内の曲に表示を切り替えできるので、聞きたい曲を探してタップしよう。

3 再生画面が開いて曲が再生される

画面を下にスワイプすると再生画面を閉じる

My landscape
BiSH

曲をタップすると再生が開始される。シークバーの操作やシャッフル再生、リピート再生などを行えるほか、歌詞が登録された曲は「歌詞」をタップして表示できる。

YouTubeの曲の追加とオフライン再生

1 YouTubeの曲を検索する

「YT MUSIC」タブでYouTube内の曲を検索する。「ライブラリ」や「オフライン」、「アップロード」、「デバイスのファイル」タブに切り替えると、それぞれの曲をキーワード検索できる

画面右上の虫眼鏡ボタンをタップすると、YouTubeの曲やアルバム、動画をキーワード検索できる。検索結果をタップするとすぐにストリーミング再生が可能だ。

2 YouTubeの曲をライブラリに追加する

YouTubeのお気に入りの曲やアルバムをいつでも聴きたいなら、オプションメニュー（3つのドット）ボタンから「ライブラリに追加」をタップしておこう。ライブラリ画面に追加される。

3 オフラインでも再生できるように保存する

タップしてダウンロード。自分でクラウドにアップした曲は無料版のままでもダウンロードできるが、YouTubeの曲を保存するには有料のYouTube Music Premiumの登録が必要

YouTubeやクラウド上の曲は、オプションメニューから「オフラインに一時保存」をタップして保存しておくと、オフライン時にも再生できる。ただしYouTubeの曲を保存するにはYouTube Music Premiumの登録が必要。

4 YouTube Music Premiumを利用する

1ヶ月は無料で試用できる。2ヶ月目からは月額980円

下部の「アップグレード」画面から、有料のYouTube Music Premiumに登録すると、YouTubeの曲を広告無しで再生できるほか、バックグラウンド再生とオフライン再生も可能になる。

┃ 使いこなしヒント ┃

もっとシンプルな音楽アプリを使ってみる

フォルダ単位で再生できる点も便利

音楽プレーヤー
作者／recorder & smart apps
価格／無料

「YouTube Music」はYouTubeにアップされた大量の曲を無料で聴けるのがウリの一つだが、無料版だと再生時に広告が入るほか、バックグラウンドで再生できず、検索結果に「歌ってみた」動画などが混ざる点も使いにくい。端末内に転送した曲を再生したいだけなら、この「音楽プレーヤー」のようなシンプルなアプリをメインの音楽プレイヤーとして利用するのがおすすめだ。

マップ

地図上で現在地の確認やルート検索をしてみよう

レストラン検索もできる とにかく便利な地図アプリ

　今や我々の生活に欠かせない地図サービスとなった「Googleマップ」。スマートフォンに標準搭載されている「マップ」は、このGoogleマップをそのまま利用できる便利なアプリだ。端末に搭載されたGPSや各種センサーと連動しているので、現在位置を正確に表示できるだけでなく、自分が向いている方向も把握可能。また、現在位置から目的地までのルート検索を行ったり、周辺のレストランを検索したり、ストリートビューで目的地周辺の写真を把握するなど、さまざまな機能が利用できる。このマップアプリを使いこなせれば、道に迷うことはまずなくなるはずだ。

● マップの基本操作

アカウントメニュー
アカウントボタンをタップするとメニューが表示され、シークレットモードやタイムライン、オフラインマップなどを利用できるほか、「設定」でマップの設定を変更できる。また、Googleマップにログイン中のGoogleアカウントも確認できる。リストに保存した場所や、登録した自宅や職場の住所、訪れた場所などのデータは、同じGoogleアカウントでログインしているパソコンやiPhoneのGoogleマップと同期される。

現在地
現在の位置と向いている方向が青いマーカーで示される。現在地がずれて表示されるときは、コントロールセンターなどからWi-Fiをオン（アクセスポイントに接続する必要はない）にしよう。GPS以外に周辺のWi-Fiも使って現在地を特定し、より正確な現在地が表示される。

現在の場所を表示
タップすると現在地がマップ中央に表示される。続けてもう一度タップすると自分が向いている方向に合わせて地図が回転し、進んでいる方向が分かりやすくなる。

✔ 使い始め POINT!

検索して目的地を調べる／場所を保存、共有する

1 調べたい場所を 検索する

主要な施設やスポットは検索候補に表示される

マップで特定の場所を調べたい時は、画面上部の検索ボックスに施設名や住所を入力し、キーボードの虫眼鏡ボタンか、表示される検索候補を選んでタップしよう。

2 地図上に場所が 表示される

検索結果として表示された場所の情報が表示される。また、マップ上を直接タップして、その場所の情報を確認することもできる

マップ上に赤いピンが表示され、検索した場所が表示される。上下左右のスワイプでスクロール、ピンチイン／アウトで表示の縮小／拡大が可能だ。

3 詳細を確認して 場所を保存、共有する

「共有」でメールやSNSアプリを選べば、正確な場所が記録されたURLを送信、共有できる。受け取った相手がURLをタップすると、マップ上にその場所が表示される

画面下部の情報エリアをタップして詳細画面を表示。「保存」をタップ後、リストを選んで場所を保存すれば、下部メニューの「保存済み」からいつでも確認できる。

目的地を指定してルート検索する

1 ルート検索ボタンをタップする

画面右下の矢印ボタンをタップ

検索結果の情報エリアで「経路」をタップして、このスポットまでのルートを検索

2つの地点間の最適な移動ルートや距離、所要時間を知りたい場合は、画面右下の矢印ボタンをタップ。または、検索結果の情報エリアの「経路」をタップしてもよい。

2 出発／目的地と移動手段を選んで検索

出発地には「現在地」が入力されているが、自由に変更可能だ

出発地と目的地を入力して移動手段を選択すると、画面下部にルートの候補が表示され所要時間と距離も確認できる。電車の場合は、詳細な乗換案内が利用可能。

3 詳細な乗換案内としても利用可能

上へスワイプしてさらに情報を表示

移動手段で公共交通機関を選べば、詳細な乗換案内として利用可能。ルートの候補からひとつ選んでタップすると、徒歩移動の時間や通過駅も確認できる詳細画面が表示される。

マップをさらに使いこなす便利技

1 特定のスポットを検索する

「コンビニ」などで検索すると、地図上にピンが配置され場所を確認できる。また「リストを表示」ボタンをタップすると、スポットの一覧リスト表示される

検索欄下に用意されたカテゴリをタップするか、「コンビニ」などをキーワードにして検索すると、付近のスポットがマップ上にピン表示される。

2 ストリートビューを表示する

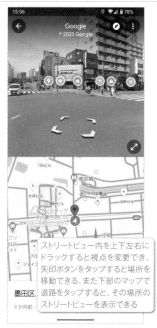

ストリートビュー内を上下左右にドラッグすると視点を変更でき、矢印ボタンをタップすると場所を移動できる。また下部のマップで道路をタップすると、その場所のストリートビューを表示できる

地図上にピンを置き、マップの左下に表示されるストリートビューのサムネイルをタップすると、周辺の写真が360度確認できる。初めて行く場所の確認に使いたい。

| 使いこなしヒント |

片手で拡大縮小操作を行う方法

親指でダブルタップ後、指を離さず上下にスワイプすると拡大／縮小できる

マップ上をダブルタップして、そのまま上下に指をスワイプすると拡大／縮小表示が可能だ。片手で簡単に操作できるので、両手を使ってピンチイン／アウト操作がしにくい状況で役立つだろう。

31 カレンダー

スマートフォンでスケジュール管理を行おう

**Googleカレンダーで
予定やタスクを管理する**

スマートフォンには、Googleカレンダーを利用できる「カレンダー」アプリが標準でインストールされている。端末にGoogleアカウントを追加していれば、カレンダーアプリを起動するだけで、パソコンやタブレットなど他のデバイスから追加したGoogleカレンダーの予定が、自動的に同期される。アプリ版のGoogleカレンダーでは、「スケジュール」ビューに地図や画像が表示され予定を把握しやすくなっているほか、タスクやリマインダーを登録したり、特定のカレンダーを他のユーザーと共有するといった機能を備えているので、使いこなして日々のスケジュールをスマートに管理しよう。

**● スマートフォンとパソコンで
スケジュールを同期**

**スマートフォンでは
カレンダーアプリで管理**
Googleアカウントを設定済みなら、カレンダーアプリでGoogleカレンダーの内容が同期される。

パソコン側ではWebブラウザで管理
パソコン側ではGoogleカレンダー
(https://calendar.google.com)に
ブラウザでアクセス。登録したイベントは即座にスマホ側にも反映される。

✓ 使い始め
POINT!

Googleカレンダーと同期して予定を確認する

1 Googleアカウントを設定しておく

タップしてGoogleアカウントを追加する。なお、本体の初期設定ですでにGoogleアカウントを設定しており、同アカウントのGoogleカレンダーと同期したい場合、この設定は必要ない

あらかじめ端末の「設定」→「パスワードとアカウント」で、Googleアカウントを追加しておこう。カレンダーアプリを起動すれば自動的にGoogleカレンダーと同期する。

2 カレンダーの表示スタイルを変更する

左上のボタンをタップしてサイドメニューを開くと、カレンダーの表示スタイルを「スケジュール」「日」「3日間」「週」「月」に変更できる。

3 表示スタイルを月表示にした画面

タップすると今日の日付に戻る

表示スタイルを「月」に変更すると、このように1ヶ月分のカレンダーが表示される。左右にフリックすると他の月の表示に切り替えでき、右上の「今日の日付」ボタンをタップすると今日の日付に戻る。

新しい予定を作成する／編集する

1 「＋」→「予定」を タップする

新しい予定を作成するには、カレンダーの右下に表示されている「＋」をタップし、続けて表示される「予定」をタップしよう。

2 予定を作成して カレンダーに追加する

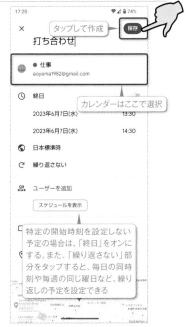

タイトル、日時、場所などを入力し、通知や繰り返しを設定したら、右上の「保存」をタップ。カレンダーに予定が追加される。

3 作成した予定を 編集する

作成した予定をタップして詳細画面を開き、鉛筆ボタンをタップすれば、予定の内容を編集できる。

カレンダーの作成と通知

1 複数のカレンダーを 作成する

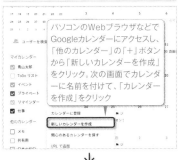

あらかじめ「仕事」「プライベート」など用途別に複数のカレンダーを作成しておくと、予定の登録先を使い分けできる。新しいカレンダーはWeb版Googleカレンダー（https://calendar.google.com/）で作成しよう。

2 予定の直前に 通知させる

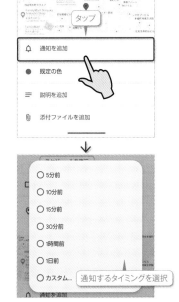

予定開始前に通知で知らせたいなら、予定の詳細画面で鉛筆ボタンをタップし、編集画面で「通知を追加」をタップ。通知のタイミングを選択しよう。「カスタム」をタップすると、通知時間や通知方法を自由に変更できる。

｜ 使いこなしヒント ｜

好みのカレンダー アプリを利用する

標準のカレンダーアプリの機能が物足りないなら、Playストアで他のカレンダーアプリを探してみよう。多くのカレンダーアプリはGoogleカレンダーと同期できるので、パソコンではWebブラウザで予定を作成したり確認し、スマートフォンでは好きなアプリで予定の作成や確認を行える。

LINE

無料で利用できるトークや通話を楽しもう

スマートフォンには必携の コミュニケーションツール

友だちや家族と気軽にコミュニケーションできる定番アプリといえば「LINE」。多彩なスタンプを使って会話形式でやり取りできるトークや、ネット回線を利用して無料で利用できる音声／ビデオ通話を楽しもう。LINEはPlayストアで検索してインストールすれば使えるが、初めて利用する場合は、電話番号での認証が必要だ。機種変更などで以前のアカウントを使いたい場合は、登録したメールアドレスでログインすれば引き継げるが、元の機種ではLINEが使えなくなる点に注意しよう。基本的に、LINEは1つのアカウントを1機種でしか使えない。

● **LINEの プライバシー設定に注意**

「友だち自動追加」と「友達への追加を許可」をオンにしていると、スマートフォンの連絡先に含まれる、仕事先の相手などにもLINEを始めたことが分かってしまう。意図しない相手とつながりたくない場合はオフにしておこう。

仕事とプライベートを切り離してLINEを使いたい場合などは、LINEの「ホーム」画面上部にある歯車ボタンをタップし、「友だち」をタップ。「友だち自動追加」と「友だちへの追加を許可」を両方オフにしておくのがおすすめ

✓ **使い始め POINT!**

LINEの利用登録を行う

1 LINEを起動して 新規登録をタップ

LINEを初めて利用する場合は「新規登録」をタップしよう。前の機種からLINEアカウントを引き継ぐ場合は「ログイン」をタップし、電話番号を入力して引き継ぎを済ませればよい。

2 電話番号で 認証を済ませる

この端末の電話番号が入力されているので、そのまま「→」ボタンをタップ。続けて、電話番号宛に届いた認証番号を入力し、LINEアカウントの新規作成を進めていこう。

| 使いこなしヒント |

ガラケーや固定電話の番号で 新規登録する

LINEアカウントを新規登録するには、以前はFacebookアカウントでも認証できたが、現在は電話番号での認証が必須となっている。ただ、データ専用のSIMなどで電話番号がなくとも、別途ガラケーや固定電話の番号を用意できれば、その番号で認証して新規登録することが可能だ。

ガラケーや固定電話の番号ではSMSを受信できないので、「通話による認証」をタップ。かかってきた電話の自動音声で流れる認証番号を入力しよう

LINEで友だちとトークや通話を楽しむ

1 LINEでやり取りする友だちを追加する

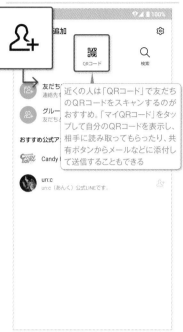

LINEでやり取りするには、まず相手を「友だち」に追加する必要がある。友だちを追加するには、ホーム画面右上の友だち追加ボタンをタップ。そばにいる人を追加する場合、「QRコード」で相手のQRコードをスキャンするか、自分のQRコードを表示して読み取ってもらうのが手軽だ。

2 友だちとトークや無料通話を行う

「ホーム」画面で友だちをタップし、表示された画面で「トーク」をタップするとトーク画面。「音声通話」「ビデオ通話」をタップすると、無料で音声通話やビデオ通話を開始できる。

3 トークでメッセージをやり取りする

「トーク」画面では、お互いのやり取りがフキダシで表示され、「スタンプ」と呼ばれるトーク用のイラストも投稿できる。メッセージ入力欄左のボタンで写真や動画、位置情報などの投稿も可能。

4 友だちと無料で音声通話する

「音声通話」をタップすると、LINEでつながった友だちと無料で電話することができる。ビデオカメラボタンをタップすると、ビデオ通話に切り替わる。

5 グループを作成して複数メンバーでトークする

「ホーム」画面で「グループ」→「グループ作成」をタップし、友だちを招待してグループを作成すると、複数のメンバーと同じ画面でトークをやり取りできる。グループでの音声やビデオ通話も可能だ。

6 トーク履歴をバックアップする

「ホーム」画面上部にある歯車ボタンをタップし、「トーク」→「トーク履歴のバックアップ・復元」をタップ。6桁のバックアップ用のPINコードを作成し、バックアップ先のGoogleアカウントを選択しておくと、トーク履歴をGoogleドライブにバックアップ・復元できるようになる。

YouTube

話題のネット動画をスマートフォンで視聴する

お気に入りのYouTuberや見たい動画を探し出そう

YouTubeの動画を楽しみたいなら、Google製のYouTube公式アプリを利用しよう。Googleアカウントでログインしておけば、お気に入り動画の再生リストを作って連続再生したり、好きなアーティストのチャンネルを登録して最新MVをチェックしたりと、さまざまな方法で動画を楽しめる。とりあえず今話題の動画を見たいなら、ホーム画面を下にドラッグして上部にメニューを表示させ、左端の探索ボタンをタップ。「急上昇」で視聴回数が伸びている動画を発見したり、「音楽」「ゲーム」などカテゴリ別の人気動画を確認できる。何か気になる動画を再生したら、再生動画の下に表示される関連動画をたどっていくと面白い動画に出会えるはずだ。

● **検索フィルタを活用しよう**

大量に公開されているYouTube動画から目的の動画を効率よく探し出すために、「検索フィルタ」を使いこなそう。検索結果の右上のオプション（3つのドット）ボタンから「検索フィルタ」をタップすると、「並べ替え」で視聴回数順にソートしたり、「アップロード日」で投稿期間を指定できる。

✅ 使い始め
POINT!

動画を検索して再生する

1 キーワード検索で動画を探す

再生したい動画をタップ

YouTubeを起動したら、画面上部の虫眼鏡ボタンをタップしてキーワード検索してみよう。観たい動画が見つかったらサムネイルをタップする。

2 サムネイルをタップして動画を再生する

ここをタップしてフルスクリーン表示に。また、再生画面の右側および左側のエリアをダブルタップすることで、10秒間のシーク移動を行える。この秒数は、右上のアカウントボタンをタップして「設定」→「全般」→「ダブルタップで早送り／巻き戻し」で変更できる

動画が再生画面で再生される。フルスクリーンで再生したい場合は動画の右下にあるボタンをタップしよう。下部ページの「コメント」をタップすると、動画に投稿されたコメントを確認できる。

3 再生しながら他の動画を検索する

タップすると元の画面に戻る。また、「×」をタップすればこのウィンドウが消去される

再生画面左上の「v」ボタンをタップするか再生画面を下へスワイプすると、このように画面下部での小窓表示になる。再生しながら他の動画を検索することも可能だ。

Instagram

"インスタ映え"する写真や動画を楽しむ

自宅や会社メールをGmail で送受信する2つの方法

　写真や動画に特化したビジュアル主体の SNS「Instagram」も、いまや欠かせない コミュニケーションツールのひとつ。友だち が投稿した風景や食べ物の写真にいいねを 付けたりコメントを投稿して楽しめるほか、 多数の芸能人やアーティスト、セレブが利用 しているのも特徴だ。普段は見られない舞台 裏の姿などがInstagram上で公開されてい るので、好きな著名人のアカウントがあれば フォローしてチェックしよう。自分で写真や動 画を投稿する際も、公式アプリを使えばフィ ルター機能などを使って手軽に編集できる。 インスタ映えする作品にうまく仕上げてアッ プしてみよう。

✓ 使い始め
POINT!

● 著名人のアカウントを 効率的に探す

Instagramを利用している著名人のアカウントは、Instagramアプリでも探せるのだが、 ローマ字やアカウント名で検索しないとヒットしなかったり、関係のない同名ユーザーや なりすましアカウントばかり表示されたりとあまり検索性がよくない。見つからない時は、 ChromeなどのWebブラウザで「○○（著名人の名前）Instagram」とスペースを挟ん で検索してみよう。検索結果でInstagramのページがヒットしたら、タップすると Instagramアプリでプロフィールページが開き、すぐにフォローできる。

Webブラウザで「○○（著名人の名前） Instagram」をキーワードに検索し、検 索結果からInstagramのページをタップ

Instagramアプリで検索 した著名人のプロフィール ページが表示され、すぐに フォローできる

Instagramで写真や動画を閲覧したり投稿する

1 気になるユーザーを フォローする

気になるユーザーを検索してプロフィールペ ージを開き、「フォロー」をタップすると、この ユーザーが投稿した写真や動画が、自分のタ イムラインに表示されるようになる。

2 写真や動画に リアクションする

左から、いいね、コメント、ダイレクト メッセージ、お気に入り保存

タイムラインに表示される写真や動画には、下 部に用意されたボタンで、「いいね」したり、コメ ントを書き込んだり、お気に入り保存しておくこ とができる。

3 自分の写真や 動画を投稿する

タップして編集画面へ

下部の「＋」ボタンをタップすると、ギャラリー から写真や動画を選択したり、カメラボタンで 写真や動画を撮影して投稿できる。右上の矢 印をタップすると編集画面に移り、フィルタな どで加工が可能だ。

その他のアプリ

さまざまな便利アプリを使いこなしてみよう

多くのスマートフォンで標準搭載されているアプリ

スマートフォンには、これまで紹介してきたアプリの他にも、さまざまなアプリがあらかじめインストールされている。端末メーカーが開発したオリジナルアプリが導入されていることも多いが、ここでは、多くのスマートフォンに共通して搭載されているアプリについて紹介しておこう。ファイル管理や時計、電卓アプリなどのほか、Google関連アプリもほとんどのスマートフォンで最初から使える。国内発売の機種であれば、おサイフケータイやキャリア向けのアプリがインストール済みの場合が多い。また、端末のマニュアルがアプリとして用意されている場合あるので、チェックしておこう。

よく標準搭載されているアプリ

端末内のファイルを管理
Files

スマートフォンの内蔵ストレージやSDカードに保存されたファイルを管理できる、Android標準のファイル管理アプリ。端末内のファイルを探し出したい時は、このアプリを利用しよう。画像や動画、音声、最近使ったファイルを素早く表示できるほか、ブラウザなどでダウンロードしたファイルも確認できる。また、不要な一時ファイルやアプリの削除も可能だ。

目覚ましとして活用できる
時計

Android標準の「時計」は意外と多機能なアプリで、複数の目覚ましをセットできるアラームや、世界の主要都市の時刻を表示できる世界時計、タイマー、ストップウォッチなどの機能を利用できる。特にアラームは、曜日の設定、サウンドの変更、バイブレーションのオン／オフ、ラベルの設定、消音までの時間、スヌーズの長さ、徐々に音量を上げるといった設定を細かく変更できる。

関数計算もこなせる
電卓

ちょっとした計算に役立つのが「電卓」アプリだ。「＝」ボタンを押さなくても、入力途中の計算結果が随時表示されるのが便利。計算式や計算結果をロングタップしてコピーし、貼り付けることも可能だ。また、電卓の上部から下にスワイプすると、過去の計算式の履歴を確認でき、タップして再利用することもできる。キーパッド上部のボタンで、三角関数や対数など複雑な計算も行える。

本体の設定を管理する
設定

すべてのAndroidスマートフォンには「設定」アプリが用意されており、このアプリでスマートフォン本体のさまざまな設定を変更できる。機種によって画面の表示や機能は異なるが、アカウントの追加や画面ロックといった重要な設定を行えるほか、ネットワーク、通知、ディスプレイ、音など、さまざまな項目が用意されているので、ひと通り確認しておくことをおすすめする。

Google関連アプリ

無料オンラインストレージ
Googleドライブ

文書やPDF、写真、動画など、さまざまなファイルをアップロードして管理・保存できる、Googleのオンラインストレージサービス。Gmailやフォトと共通の容量だが、無料で15GBまで使える。さらに、Wordのような「Googleドキュメント」、Excelのような「Googleスプレッドシート」、PowerPointのような「Googleスライド」という、独自形式のオフィス文書を作成・編集する機能も備える。

オンデマンドで映画を視聴
Google TV

「Playムービー＆TV」の後継アプリで、配信されている映画やドラマ、テレビ番組などをレンタルしたり購入して視聴できる。作品をダウンロードしておけば高画質でオフライン視聴も可能だ。また「ABEMA」「Prime Video」「Disney+」「Hulu」など他の動画配信サービスを連携させておけば、キーワードで横断検索したり、「見たいものリスト」に登録して管理できる。

気になる情報をチェック
Google

Google検索ができるだけでなく、ユーザーのWeb閲覧履歴に基づいて、付近のお店、スポーツの結果、最新ニュース、天気、興味のあるトピックなど、さまざまな情報をまとめてチェックできるアプリ。また、設定の「音声」→「Voice Match」を有効にして自分の声を登録しておけば、「OK Google」と話しかけるだけで、電話をかけたりルート検索するなど、さまざまな操作を音声で行える。

無料でビデオ通話ができる
Google Meet

Googleが提供するオンライン会議アプリ。LINEなどと同じく、無料で音声通話やビデオ通話を行える。GoogleアカウントがあればAndroid版アプリだけでなくiPhone版アプリやWebブラウザからも参加できるので、デバイスを選ばず幅広いユーザーとの通話が可能だ。最大100人まで参加でき、会議中の自動字幕起こし(英語のみ)や画面共有機能なども備える。

一部機種に搭載されるアプリ

かざしてスマートにお支払い
おサイフケータイ

電子マネー、ポイントカード、会員証などを一括管理し、スマートフォンをかざすだけで支払いができるサービス「おサイフケータイ」を利用するためのアプリ。例えばSuicaを登録して改札を通ったり、QUICPayを登録してコンビニで支払うといったことが可能になる。アプリの起動やロックの解除も不要だ。ただし、「FeliCa」という近距離無線通信規格に対応した機種でないと使えない。

使い方が分からない時は確認
取扱説明書

端末の使い方でわからない点があれば、「取扱説明書」アプリなどが用意されていないか確認してみよう。機種別のマニュアルなので、知りたい内容をピンポイントで調べることができるだろう。キーワードやカテゴリでの検索も可能だ。なお、マニュアルはアプリをインストールするのではなく、単にWeb上のオンラインマニュアルにアクセスするだけのショートカットの場合もある。

最新の話題をチェック
Twitter

一度に140文字以内の短い文章を投稿して他のユーザーとコミュニケーションするSNSの公式アプリ。全世界で3億人以上のユーザー数を誇る定番サービスなので、今みんなが何を話題にしているか、最新ニュースやトレンドをチェックするのに最適のツールだ。他にもInstagram(P077で解説)やFacebookなど、主要なSNSの公式アプリは最初からインストールされていることが多い。

機種ごとのアプリを楽しもう
オリジナルアプリ

スマートフォンのメーカーが独自に開発した、オリジナルアプリがプリインストールされている場合も多い。たとえばAQUOSシリーズなら、「エモパー」という音声アシスタントアプリが用意されている。出勤前に今日の天気を教えてくれたり、休日に周辺のイベント情報を知らせるなど、毎日の使用状況を学習して、タイミングよく必要な情報を音声やテキストで伝えてくれる。

スマートフォン
活用テクニック

Androidの隠れた便利機能、必須設定、
使い方のコツなどさらに便利に活用するための
テクニックと、おすすめアプリを総まとめ。

3

SECTION

001

セキュリティ

Googleアカウントの個人情報をしっかり管理

Googleアカウントのセキュリティをチェックする

Googleアカウントは設定の「Google」で管理できる

P012で解説している通り、GoogleアカウントはPlayストアなどの利用に必須というだけでなく、Gmailや連絡先などの個人情報に紐付けられている重要なアカウントだ。万一にでも乗っ取られたりすることのないように、セキュリティには十分気をつけたい。Googleアカウントの管理

設定は、「設定」→「Google」にまとめられている。まずは「セキュリティ診断」を実行しよう。使っていない端末へのアカウント登録状況や、最近のセキュリティ関連のアクティビティ、2段階認証プロセスの設定状況、サードパーティーによるアクセス権限などがチェックされ、問題点が列挙される。それぞれの問題点を確認し、表示される解決法を実行しよう。

パスワードを忘れた際の復旧情報や最

近使用した端末情報は、個別にチェックすることもできる。さらに、現在設定中のパスワードに何かしらの問題や不安を感じたら、早めに変更も考えよう。そして、アカウントの不正利用を防ぐ強力な機能「2段階認証プロセス」も、きっちり設定しておくことを推奨したい。ログインする際に、パスワードだけではなく他のデバイスやSMSでの認証が必要となるので、安全性がぐっと上がる。

Googleアカウントのセキュリティ設定を見直そう

1 アカウントのパスワードを変更する

「設定」→「Google」→「Googleアカウントの管理」の「セキュリティ」タブで、「パスワード」をタップすると変更できる。8文字以上の新しいパスワードを入力しよう。

2 パスワードを忘れた際の復旧情報を登録

「設定」→「Google」→「Googleアカウントの管理」の「セキュリティ」→「再設定用の電話番号」と「再設定用のメールアドレス」を登録すれば、パスワード復旧用の確認コードを受け取れる。

3 アカウントの不正利用がないか確認

「設定」→「Google」→「Googleアカウントの管理」の「セキュリティ」→「お使いのデバイス」→「すべてのデバイスを管理」で不審な端末があれば、ログアウトして端末からのアクセスを停止できる。

「設定」→「Google」→「Googleアカウントの管理」をタップし、「ホーム」もしくは「セキュリティ」タブを開く。セキュリティに問題がある時は「セキュリティに関するヒントがあります」という項目が表示されるので、タップして問題を解決しよう。問題がない時も「アカウントを保護」をタップしてセキュリティ診断画面を表示する

まずはセキュリティ診断で見直しチェックを行おう

セキュリティ診断を実行すると、このアカウントに接続した端末、最近のセキュリティイベント、再設定用の電話番号やメールアドレスなどアカウント復旧情報、アクセス権限を与えたアプリを確認し、セキュリティを見直すことができる。

POINT

2段階認証を設定する

「設定」→「Google」→「Googleアカウントの管理」の「セキュリティ」→「2段階認証プロセス」をオンにすれば、Googleアカウントにログインする際に通常のパスワードに加えて、既にログイン中の端末で認証するか、登録電話番号へSMSで送信される確認コードの入力が必要となる。

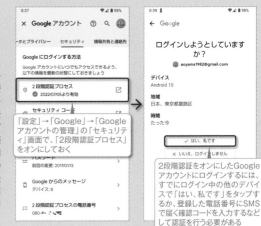

「設定」→「Google」→「Googleアカウントの管理」の「セキュリティ」画面で、「2段階認証プロセス」をオンにしておく

2段階認証をオンにしたGoogleアカウントにログインするには、すでにログイン中の他のデバイスで「はい、私です」をタップするか、登録した電話番号にSMSで届く確認コードを入力するなどして認証を行う必要がある

スマートフォンに届く通知を整理する
わかりづらい通知の設定をまとめて確認

必要な通知だけ目立つように設定していこう

さまざまなアプリの新着情報を知らせてくれる通知は、重要な連絡を見落とさないための必須機能であるとともに、あまり確認する必要のない通知が頻繁に届くとわずらわしく感じる機能でもある。Androidスマートフォンではかなり細かく通知を設定できるようになっているので、まずはロック画面での通知の表示など全体の通知設定を見直してから、アプリごとの個別の通知項目をチェックしていこう。アプリによっては、機能やアカウントごとに通知設定を変更することも可能だ。なお、通知パネルに表示される通知の操作と機能についてはP025で解説している。

全体の設定とアプリごとの設定を確認する

全体の通知設定

「設定」→「通知」でスマートフォン全体の通知設定を行える。ロック画面での通知の表示方法を変更できるほか、スヌーズの許可、通知ドット（アプリのアイコン右上に表示されるドット）の表示、通知着信時のLED点滅などの設定を確認しておこう

アプリごとの通知設定

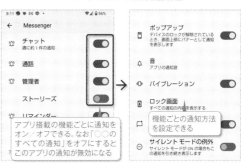

アプリ搭載の機能ごとに通知をオン／オフできる。なお「○○のすべての通知」をオフにするとこのアプリの通知が無効になる

「設定」→「アプリ」→「○○個のアプリをすべて表示」をタップしてすべてのアプリを表示し、アプリを選択して「通知」をタップすると、アプリの機能ごとに通知をオン／オフできる。

機能ごとの通知方法を設定できる

アプリの各機能をタップすると、その機能の通知のされ方を変更できる。特定の機能だけ通知音を変更したり、ポップアップや通知音をオフにして通知ドットのみ表示させるといった設定が可能だ。

アプリ内の通知設定

アプリの通知設定を下の方にスクロールすると、「アプリ内のその他の設定」という項目が用意されている場合は、アプリ内にさらに通知設定が用意されている。タップするとアプリの通知設定が開いて設定を変更できる。

通知設定でチェックすべき項目

ロック画面に通知を表示させない

ロック画面に通知内容を表示させたくないなら「設定」→「通知」→「ロック画面上の通知」を「通知を表示しない」に変更しよう。

プライベートな内容をロック画面に表示しない

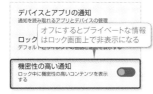

オフにするとプライベートな情報はロック画面上で非表示になる

「設定」→「通知」→「機密性の高い通知」をオフにすると、ロック画面の通知で送信者名やメッセージ内容のみ非表示にできる。

通知履歴をオンにしておく

オンにする

通知履歴を使用

最近非表示にした通知

通知をうっかり消去してもあとで確認できるように、「設定」→「通知」→「通知履歴」をオンにしておくのがおすすめだ。

メールアカウントごとに通知設定を施す

「設定」→「アプリ」→「○○個のアプリをすべて表示」でメールアプリなどを選択して「通知」をタップし、各アカウントの「メール」をタップして通知設定を施す

Gmailなどの通知はアカウントごとに設定できる。重要なアカウントのメール通知は着信音を変えておくといった設定が可能だ。

あまり重要でない通知はサイレント通知にする

サイレント
着信音もバイブレーションも無効になります

「設定」→「アプリ」→「○○個のアプリをすべて表示」でアプリを選択して「通知」をタップし、機能を選択して「サイレント」を選択する

気づいた時に確認できればよい通知は「サイレント」に設定しておこう。音やバイブレーションが鳴らず通知パネルにのみ表示される。

重要な相手は優先度の高い会話に設定する

優先
会話セクションの一番上にバブルとして表示され、プロフィール写真がロック画面に表示されます

「設定」→「通知」→「会話」をタップし、「最近の会話」などの会話リストから特定の相手との会話を選択して「優先」に変更する

対応するメッセージアプリで特定の相手との会話を「優先」に変更すると、その相手との会話は通知パネルの上部に優先的に表示される。

POINT

サイレントモードで睡眠や仕事中の通知をオフにする

「設定」→「通知」→「サイレントモード」をオンにすると、指定した連絡先やアプリからの通知を除いて、すべての通知をオフにできる。「スケジュール」をタップすると、サイレントモードを有効にするスケジュールを設定できるので、睡眠中や仕事に集中している時に通知で邪魔されたくないなら設定しておこう。

サイレントモード

大切な人やアプリからの通知のみ受け取ります

今すぐONにする

サイレントモードに割り込み可能なもの

人物
一部のユーザーが割り込み可能

アプリ
アプリは割り込み不可

アラームとその他の割り込み

003

電子決済

キャッシュレスでスマートに支払おう
一度使うと手放せない
スマホ決済総まとめ

スマホ決済の種類と違いを知っておこう

「スマホ決済」は名前の通り、スマートフォンだけで支払いができる電子決済サービスだが、種類が多すぎてよく分からない人も多いだろう。ここでは、スマホ決済の種類と違いや、基本的な使い方を解説する。スマホ決済のメリットは、なんと言ってもキャッシュレスで支払える点だ。店に合わせてさまざまな支払い方法を選択できるし、現金で支払うより会計もスムーズ。また、高いポイント還元率や、支払履歴が残るので家計簿が不要といった点も魅力だ。さらに、生体認証や二段階認証で強力に保護され、万一の際は遠隔操作で利用停止できるので、現金を持ち歩くよりセキュリティ性も高い。反面デメリットとしては、電源が切れると支払いができなかったり、そもそもスマホ決済が使えない店もある、といった点が挙げられる。

スマホ決済は大きく分けて2種類

タッチしてピッと支払う
非接触型決済

店頭のリーダーや改札、自動販売機で端末をかざすだけで支払えるのが「非接触型決済」だ。登録したSuicaやPASMOで電車やバスに乗ったり買い物ができるほか、楽天Edyやnanaco、WAON、クレジットカードに付帯するQUICPayやiDなどの電子マネーを使って支払える。使い方は、店員に「Suicaで」「nanacoで」「QUICPayで」など支払い方法を伝えて、店頭のカードリーダーに端末をかざすだけ。アプリを起動したり、画面ロックを解除する必要もない。

非接触型決済の管理アプリ

おサイフケータイ / Googleウォレット

管理アプリに追加 / Googleウォレットに追加

電子マネー / タッチ決済
…など

非接触型決済で使う電子マネーの管理アプリとして「おサイフケータイ」と「Googleウォレット」の2つがある点が少しややこしいが、基本的にはどちらもほぼ同じ電子マネーを使える。ただし、おサイフケータイは直接カード払いができず、クレジットカードに付帯する電子マネーのQUICPayやiDで決済する必要があるのに対し、Googleウォレットならタッチ決済（VISAタッチ決済とMasterCardタッチ決済）に対応する店舗で、カードリーダーにクレジットカードを挿入する代わりにスマートフォンをタッチしてカード払いができる。

Felica対応スマートフォンが必要

非接触型決済を利用するには、スマートフォンが「FeliCa」という近距離無線通信規格（NFC）に対応している必要もある。国内で販売されている機種はほとんど対応するが、海外製の格安スマホなど一部機種はFeliCaに非対応なので注意しよう。ただGoogleウォレットでVISAやMasterCardのタッチ決済を使う場合のみ、FeliCa非対応の機種でも利用可能だ。

「○○ペイ」はこのタイプ
QRコード決済

店頭でQRコードやバーコードを表示して読み取ってもらうか、または店頭にあるQRコードをスキャンして支払う、いわゆる「○○ペイ」系のサービスが「QRコード決済」だ。非接触型決済の場合は一度おサイフケータイやGoogleウォレットに登録しておけばあとは端末をタッチするだけで支払えるのに対し、QRコード決済の場合は各サービスのアプリを個別にインストールしておき、残高のチャージや支払い時もそれぞれのサービスのアプリを起動して操作する必要がある。

IT系 / コンビニ系 / 通信系 / 銀行系

QRコード決済はPayPayや楽天Pay、LINE Payをはじめ、コンビニや通信キャリアや銀行まで、多くの企業が参入している。ポイント還元などお得なキャンペーンが多く、店側に専用端末が必要ないので比較的小さな個人商店でも普及しており幅広く利用できるのがメリットだ。

これはPayPayのアプリの画面

QRコード決済は個別のアプリが必要

QRコード決済は個別のアプリでバーコードを表示したりスキャンする必要があるため、非接触型決済と比べると支払いに少し手間がかかる。その代わり、主要なサービスは個人間送金に対応しておりユーザー同士で電子マネーをやり取りできるなど、非接触型決済にはない機能も利用できる。

非接触型決済を利用する

 ## おサイフケータイから登録して使う

1 電子マネーの公式アプリを入手する

ここでは「モバイルSuica」をタップする

タップ

「おサイフケータイ」アプリを起動し、「おすすめ」タブで追加したい電子マネーを選択したら「サイトへ接続」をタップ。モバイルSuicaなどの公式アプリをダウンロードし、登録を進めていこう。

2 モバイルSuicaに入金する

タップしてクレジットカードでチャージ。コンビニで「Suicaをチャージしたい」と伝えてレジのリーダーにスマートフォンをかざせば、現金でチャージすることもできる

モバイルSuicaの場合は、新規Suicaの発行などを済ませて、メイン画面で「入金（チャージ）」をタップすると登録したクレジットカードでチャージできる。

3 モバイルSuicaの

画面は真っ暗のスリープ状態のままリーダーにかざせばよい。FeliCaをかざす場所は機種によって異なるが、だいたい背面の上部か中央が読み取り位置になっており、その場所にFeliCaのマークが表示されていることが多い

利用する際にアプリを起動する必要はない。電車やバスに乗る時は、スマートフォンを改札にかざすだけでよい。店舗で支払う場合は、「Suicaで」と支払い方法を伝えてから店のカードリーダーにスマートフォンをかざす。

4 機種変更時のデータ移行

タップ

機種変更時などに残高を移行したい場合は、それぞれの電子マネーアプリでの操作が必要となる。「機種変更」などのメニューを探して、画面の指示に従おう。

 ## Googleウォレットから登録して使う

1 既存の電子マネーはすぐに追加できる

タップ

おサイフケータイに追加済みの電子マネーをGoogleウォレットにも追加できる

Googleウォレットを起動し「ウォレットに追加」→「電子マネー」をタップ。おサイフケータイに追加済みの電子マネーがあれば「続行」をタップするだけで追加できる。

2 QUICPayやiDなども即日追加できる

「ウォレットに追加」→「クレジットカードやデビットカード」をタップし、クレジットカードを撮影して追加する

おサイフケータイにQUICPayやiDを追加する場合、IDとパスワードの発行に数日かかるが、Googleウォレットだとカードを撮影するだけで登録できる。ただし対応カードは限られる。

3 支払い画面で電子マネーを確認

追加した電子マネーをタップして「チャージする」をタップすると、Googleウォレットからチャージが可能だ。ただし電子マネーの種類によっては、チャージに使えるカードが決まっていたりGoogleウォレットからのチャージに非対応の場合もある。なお、Googleウォレットとおサイフケータイの両方で同じ電子マネーを追加している場合、残高は同期され二重に引き落とされることはない

追加した電子マネーと残高はメイン画面で確認できる。おサイフケータイと同じく、「Suicaで」など支払い方法を伝えて、リーダーに端末をかざすだけで支払いが完了する。

4 機種変更時のデータ移行

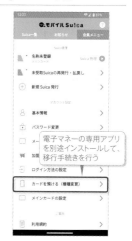

電子マネーの専用アプリを別途インストールして、移行手続きを行う

Googleウォレットは複数電子マネーの一元管理だけなら単体で行えるが、機種変更時のデータ移行はできない。それぞれのアプリをインストールして移行手続きを行う必要がある。

POINT

おサイフケータイとGoogleウォレット、どっちを選ぶ？

「おサイフケータイ」と「Googleウォレット」は、ほぼ同じ種類の電子マネーに対応する（おサイフケータイのみモバイルスターバックスカードにも対応）アプリだが、「おサイフケータイ」はあくまで電子マネーの登録状況を管理するポータルアプリであり、登録もチャージもすべてそれぞれの電子マネー公式アプリで操作する。これに対し「Googleウォレット」はアプリ上で複数の電子マネーを一元管理でき、登録やチャージなどの操作を行えるのが最大のメリットだ。またVisaとMasterCardのタッチ決済に対応するため、特にタッチ決済が普及する海外で使う場合は便利。ただし、GoogleウォレットではSuica定期券やSuicaグリーン券を購入できないなど、細かな制限が多い。また、機種変更時のデータ移行も結局個々の公式アプリの作業が必要になる。タッチ決済を使わないなら、「おサイフケータイ」を利用した方がトラブルは少ない。

QRコード決済（PayPay）を利用する

1 電話番号などで 新規登録

QRコード決済の使い方として、ここではPayPayを例に解説する。アプリを起動したら、電話番号か、またはYahoo! JAPAN IDやソフトバンク・ワイモバイル・LINEMOのIDで新規登録しよう。

2 SMSで認証を 済ませる

電話番号で新規登録した場合は、SMSで認証コードが届くので、入力して「認証する」をタップしよう。アプリの解説画面を閉じれば、メイン画面が表示される。

3 チャージを タップする

PayPayアプリのインストールが終わっただけではまだ使えない。あらかじめPayPayにお金をチャージしておく必要がある。「チャージ」ボタンをタップしよう。

4 支払い方法を 追加する

「チャージ方法を追加してください」をタップし、銀行口座などを追加したら、金額を入力して「チャージする」をタップ。セブン銀行やローソン銀行ATMで現金チャージも可能だ。

5 店側にバーコードを 読み取ってもらう

PayPayの支払い方法は2パターン。店側に読み取り端末がある場合は、ホーム画面のバーコードか、または「支払う」をタップして表示されるバーコードを、店員に読み取ってもらおう。

6 店のバーコードを スキャンして支払う

店側に端末がなくQRコードが表示されている場合は、「スキャン」をタップしてQRコードを読み取り、金額を入力。店員に画面を見せて金額を確認してもらい、「支払う」をタップすればよい。

7 PayPayの利用 履歴を確認する

ホーム画面下部の「ウォレット」→「内訳・出金」→「使える金額」をタップすると、PayPayの利用履歴を確認できる。ポイント付与の履歴も確認可能だ。

8 個人送金や 割り勘機能を使う

PayPayは他にもさまざまな機能を備えている。「送る・受け取る」ボタンで友だちとPayPay残高の個人送金ができるほか、「グループ支払い」でPayPayユーザー同士の割り勘も可能だ。

P O I N T　　PayPay残高をチャージする方法は5つ

手順4でPayPay残高をチャージする方法としては、銀行口座を登録して残高から引き落とす方法と、PayPayカードを登録して（本人認証済みでPayPayあと払いの設定が必要）カード払いする方法、セブン銀行やローソン銀行のATMから現金で入金する方法、ヤフオク!やPayPayフリマの売上金からチャージする方法、月々の通信料とまとめて支払う方法（ソフトバンク・ワイモバイル・LINEMOユーザーのみ）、の5つの手段が用意されている。このうち銀行口座からのチャージは、初回の本人確認などの作業が面倒だが、一度登録してしまえ最も手軽に利用できる。PayPayカードを契約済みならPayPayカードでのチャージがポイント還元率も高めでおすすめだ。ソフトバンク・ワイモバイル・LINEMOユーザーなら通信料とまとめて支払うのが便利だが、2023年8月1日から毎月2回目以降のチャージに2.5%の手数料がかかってしまう点に注意しよう。なお、以前はPayPayカード以外のクレジットカードを登録してカード払いで決済できたのだが、これも2023年8月1日から他社製のクレジットカードが利用できなくなっている。

004

メール

目的のメールを効率よく探し出す

Gmailのメールを詳細に検索できる演算子を利用する

複数の演算子で効果的に絞り込む

Gmailは、ラベルやフィルタで細かくメールを管理していても、いざ目当てのメールを探そうとしたらなかなか見つからないことが多い。そんな時、ズバリと目的のメールを探し出すために、「演算子」と呼ばれる特殊なキーワードを使用しよう。メール検索欄に、ただ名前やアドレス、単語を入力するだけではなく、演算子を加えることでより正確な検索が行える。複数の演算子を組み合わせて、さらに効果的にメールを絞り込むことも可能だ。ここでは、よく使うと思われる主な演算子をピックアップして紹介する。これだけでも覚えておけば、メール検索が一気に効率化するはずだ。

Gmailで利用できる主な演算子

from: …… 送信者を指定

to: …… 受信者を指定

subject: …… 件名に含まれる単語を指定

OR …… A OR Bのいずれか一方に一致するメールを検索

-(ハイフン) ……除外するキーワードの指定

" "(引用符) …… 引用符内のフレーズを含むメールを検索

after: …… 指定日以降に送受信したメール

before: …… 指定日以前に送受信したメール

label: …… 特定ラベルのメールを検索

filename: …… 添付ファイルの名前や種類を検索

has:attachment …… 添付ファイル付きのメールを検索

演算子を使用した検索の例

from:sato

送信者のメールアドレスまたは送信者名にsatoが含まれるメールを検索。大文字と小文字は区別されない。

from:佐藤 subject:会議

送信者名が佐藤で、件名に「会議」が含まれるメールを検索。送信者名は漢字やひらがなでも指定できる。

from:佐藤 "会議"

送信者名が佐藤で、件名や本文に「会議」を含むメールを検索。英語の場合、大文字と小文字は区別されない。

from:青山 OR from:佐藤

送信者が青山または佐藤のメッセージを検索。「OR」は大文字で入力する必要があるので要注意。

after:2015/03/05

2015年3月5日以降に送受信したメールを指定。「before:」と組み合わせれば、指定した日付間のメールを検索できる。

filename:pdf

PDFファイルが添付されたメールを検索。本文中にPDFファイルへのリンクが記載されているメールも対象となる。

005

ネット接続

テザリング機能を利用しよう

スマホのデータ通信でパソコンなどをネット接続

データ通信機能を持たない機器でネットを利用する

「テザリング」とは、スマートフォンのモバイルデータ通信機能を使って各種機器をインターネットにつなげる機能だ。他のスマートフォンやタブレットはもちろん、Wi-Fi接続機能があるノートパソコンやゲーム機などでも利用可能。スマートフォンの電波状況さえ良好なら、さまざまな機器でいつでもどこでもネットを利用可能になる。テザリング中でももちろんスマートフォンは通常通り利用可能だ。なお、テザリングで注意したいのがモバイルデータ通信の使用量だ。多くの通信プランで、一定の通信量を超えると通信速度規制が課せられるので、うっかり使いすぎないように注意しよう。

1 テザリング機能をオンにする

「設定」→「ネットワークとインターネット」→「テザリング」→「Wi-Fiテザリング」をタップし、スイッチをオンにする。

2 Wi-Fiのパスワードを設定する

ネットワーク名を確認し、「Wi-Fiテザリングのパスワード」をタップしてパスワードも確認しておく。それぞれタップして変更することも可能だ。なお、ネットワーク名横のQRコードボタンをタップするとQRコードが表示され、他のデバイスでこのQRコードを読み取ってWi-Fiテザリングに接続することもできる（No017で解説）

続けて「パスワード」をタップし、Wi-Fi接続パスワードを確認するか、または好きなパスワードに変更しておこう。

3 Wi-Fi対応機器からテザリングで接続

今回はiPadを接続。タップしてパスワードを入力すればすぐに接続できる

タブレットなどのWi-Fi接続画面に表示されるネットワーク名（デフォルトだとスマートフォンの名前）をタップし、設定したパスワードを入力するだけで、スマートフォンのモバイルデータ通信を使ってインターネットが利用可能になった。

006

AI

高度なAIチャットサービスを活用しよう

話題のChatGPTを
スマートフォンで利用する

自然な会話文でさまざまな作業を手伝ってくれる

入力した内容に対して驚くほど自然な対話形式で応えてくれる、OpenAIが開発したAIチャットサービスが「ChatGPT」だ。単に回答するだけでなく、長文を要約したり、アイデアを提案したり、プログラムのコードを作ったりと、膨大な学習データを元にさまざまな作業の手助けをしてくれる。なお、ChatGPTのAndroid版公式アプリもまもなく登場予定だが、原稿執筆時点ではまだ公開されていない。Web版を利用しよう。

ChatGPT
https://chat.openai.com/

1 ChatGPTのサイトで新規アカウントを作成する

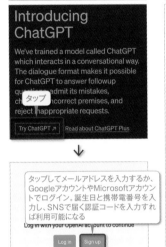

タップしてメールアドレスを入力するか、GoogleアカウントやMicrosoftアカウントでログイン。誕生日と携帯電話番号を入力し、SNSで届く認証コードを入力すれば利用可能になる

WebブラウザでChatGPTの公式サイトにアクセスしたら、「Try ChatGPT」をタップ。続けて「Sign up」をタップし新規アカウントを作成しよう。

2 チャット画面で質問を入力して送信する

タップして質問を送信する

ChatGPTにログインするとチャット画面が表示される。下部の入力欄に質問内容を入力し(日本語に対応している)、右端の送信ボタンをタップしよう。

3 回答に対してさらに質問を続けていく

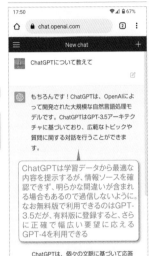

ChatGPTは学習データから最適な内容を提示するが、情報ソースを確認できず、明らかな間違いが含まれる場合もあるので過信しないように。なお無料版で利用できるのはGPT-3.5だが、有料版に登録すると、さらに正確で幅広い要望に応えるGPT-4を利用できる

質問に対する回答が表示され、さらに質問を追加して会話を継続できる。右上の「+」ボタンで新規チャットを開始。左上の三本線ボタンでチャットの履歴から再開できる。

007

音量

音量を1%単位で指定できる

OK Googleで音量を
細かく調整する

音楽や動画の音量は、本体の音量キーや、「設定」→「着信音とバイブレーション」→「メディアの音量」のスライダーで変更できるが、手動だと15段階や30段階など、機種ごとに設定された音量レベルでしか調整できない。しかし「OK Google」で起動するGoogleアシスタントを利用すると、「音量を33%にして」や「音量を7%上げて」、「音量を17%下げて」などと伝えて、1%単位で音量を細かく調整できる。また、「現在の音量は?」と尋ねると最大音量の何%かを教えてくれる。

「OK Google」でGoogleアシスタントを起動し、「音量を33%にして」と伝えると、1%単位で音量を変更できる。「音量を最大(最小)にして」で、素早く最大音量や最小音量に設定することもできる

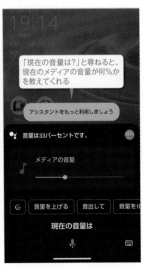

「現在の音量は?」と尋ねると、現在のメディアの音量が何%かを教えてくれる

008

音声入力

句読点や改行を音声で入力

文字入力の音声コマンドを
覚えておこう

Google音声入力は、認識精度が非常に高く喋った内容もほぼリアルタイムでテキストに変換してくれるが、句読点や記号の認識がやや苦手で、決まった言い回しでないと正しく反応してくれない。たとえば「まる」と発音すると「。(句点)」が入力されるが、「てん」と発音しても「、(読点)」が入力されず、「てん」や「10」と入力されてしまう。正しくは「とうてん」と発音する必要がある。主な記号などの音声入力方法を右にまとめたので参考にしてほしい。

句読点や記号などの音声入力方法

入力文字	音声入力
、	とうてん
。	まる
「	かぎかっこ
」	かぎかっことじ
(	まるかっこ
)	まるかっことじ
！	びっくりまーく
？	はてなまーく
・	なかぐろ
…	さんてんりーだー
@	あっとまーく
改行	あたらしいぎょう
1行空けて改行	あたらしいだんらく

件名

Google 音声入力は、認識精度が非常に高く喋った内容も

ここで紹介した発音で正確に読み上げても、句読点や記号が正しく入力されないことが多い。多くのスマートフォンの標準キーボードであるGboardなら、音声入力中でもキーボードで入力できるので、音声でうまく認識しない時は素直にキーボードで記号を入力した方が早い

009

クラウド

Dropboxでデスクトップなどを自動バックアップ

パソコン上のデータに
スマホからアクセスする

Dropboxの
バックアップ機能
を利用しよう

　会社のパソコンに保存した書類をスマートフォンで確認したり、途中だった作業をスマートフォンで再開したい場合は、クラウドサービスのDropboxを利用しよう。特に、仕事上のあらゆるファイルをデスクトップ上に保存している人は、「Dropbox Backup」機能を有効にしておくと便利だ。パソコンのデスクトップ上のフォルダやファイルが丸ごと自動同期されるので、特に意識しなくても、会社で作成した書類をスマートフォンでも扱えるようになる。

Dropbox
作者／Dropbox, Inc.
価格／無料

1 バックアップの
設定をクリック

パソコンでシステムトレイにあるDropboxアイコンをクリックし、右上のユーザーボタンから「基本設定」をクリック。続けて「バックアップ」タブの「バックアップを管理」ボタンをクリックする。

2 デスクトップを
選択して同期

自動で同期したいフォルダにチェック

「PC」の「使ってみる」をクリックし、自動同期するフォルダを選択する。仕事の書類をデスクトップで整理しているなら、「デスクトップ」だけチェックを入れて「設定」をクリックし、指示に従って設定を進めよう。Dropboxフォルダ内に「PC」フォルダが作成され、パソコンのデスクトップ上のファイルが同期される。なお、同期したフォルダ内のファイルを削除すると、Dropboxとパソコンの両方から削除される点に注意しよう。

3 Dropbox公式アプリ
でアクセスする

スマートフォンでは、Dropboxアプリを起動して「PC」→「Desktop」フォルダを開くと、会社のパソコンでデスクトップに保存した書類を確認できる。

010

ランチャー

いつものアプリを素早く起動させよう

よく使うアプリをスマートに
呼び出す高機能ランチャー

頭文字をタップ
してアプリを
探せる

　インストールしたアプリをすべてホーム画面に配置すると煩雑だし、かと言っていちいちアプリ管理画面から探し出して起動するのも面倒だ。そこで、もっとスマートにアプリを起動できるランチャーアプリを使おう。「Easy Drawer」は、アプリでキーボードを表示させてキーを押すと、その頭文字のアプリが一覧表示され素早く起動できるランチャーだ。日本語アプリはすべて「#」キーにまとめられるのが残念だが、よく使うアプリはお気に入り登録しておける。

Easy Drawer
作者／Appthrob
価格／無料

1 アプリアイコンを
ドックに配置する

アイコンをドックに配置しておくと便利。ウィジェットも用意されている

アプリをインストールしたら、アプリアイコンを下部のドックに配置しておくのがおすすめだ。これをタップしてキーボードを表示させよう。

2 アプリの頭文字
を入力する

アプリの頭文字をタップ。日本語アプリはすべて「#」キーにまとめられるので注意

表示されるキーボードで、起動したいアプリの頭文字をタップしよう。その頭文字のアプリが一覧表示され、素早く起動できる。

3 よく使うアプリは
お気に入りに登録

検索結果のアプリをロングタップし、「Favorite」をオンにしてお気に入りに登録しておくと、キーボード上部に最初から表示されるようになる。

011

マップ

マップの真価を発揮するオプション機能

Googleマップの便利機能を
しっかり活用しよう

**必須の設定や
一歩進んだ
注目機能まで**

P070で解説した標準アプリの「マップ」には、まだまだ便利な機能が搭載されている。使いこなせば日々の移動はもちろん、旅行や友人との待ち合わせなど、さまざまなシーンでさらに大活躍するはずだ。まず、自宅と職場の住所登録をおすすめしたい。ルート検索の出発地や目的地に自宅や職場を即座に設定できるため、利便性が大きく向上する。また、経路検索では経由地を指定して、より柔軟にルートを検索できることを覚えておこう。さらに、地図データをダウンロードしてオフラインでも表示できるようにしたり、現在地をリアルタイムで共有できるほか、日々の行動履歴を記録する機能もぜひ試してほしい。

必ず覚えておきたい便利機能

1 自宅や職場の 住所を登録

下部メニューの「保存済み」→「ラベル付き」をタップ。続けて「自宅」および「職場」をタップして住所を入力する。右の3つのドットのボタンをタップすると、入力した住所の編集や削除を行える

自宅や職場を登録しておくと、ルート検索時に出発地や目的地にワンタップで登録できて便利。使い勝手が大きく向上するので、ぜひおすすめしたい設定だ。

2 ルート検索で 経由地を指定する

経由地を追加すると最初の目的地が経由地点になってしまうが、地点名右の二本線の部分をドラッグして入れ替え可能だ

ルート検索で出発地と目的地を入力した後、右上のオプションメニューボタンをタップ。続けて「経由地を追加」をタップし、スポットや住所を入力しよう。経由地は複数指定することもでき、ルートを柔軟に検索できる。

3 オフラインマップを 利用する

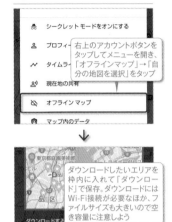

右上のアカウントボタンをタップしてメニューを開き、「オフラインマップ」→「自分の地図を選択」をタップ

ダウンロードしたいエリアを枠内に入れて「ダウンロード」で保存。ダウンロードにはWi-Fi接続が必要なほか、ファイルサイズも大きいので空き容量に注意しよう

あらかじめ指定した範囲の地図データを、端末内にダウンロード保存しておくことで、圏外や機内モードの状態でもGoogleマップを利用できる。スポット検索やルート検索（自動車のみ）、ナビ機能なども利用可能だ。

マップの一歩進んだ活用法

1 毎日使う通勤経路の 情報をすばやく確認

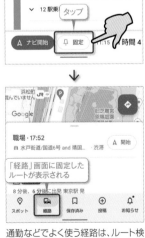

「経路」画面に固定したルートが表示される

通勤などでよく使う経路は、ルート検索結果の下部にある「固定」ボタンをタップしておこう。下部メニューの「経路」画面で、お気に入りのルートとして固定表示されるようになり、ワンタップでルート検索でき渋滞などの交通状況も素早く確認できる。

2 指定した地点間の 距離を測定する

「＋」で地点を追加し、建物の外周を測定することもできる

マップ上をロングタップしてピンを立て、画面下部に表示される地点名をタップ。詳細情報画面の「距離を測定」をタップしマップをスワイプすると、最初に指定した地点と画面中央部までの距離が表示される。

3 リアルタイムに 現在地を共有

位置情報を共有する時間を設定することも可能

メニューの「現在地の共有」→「現在地を共有」をタップし、現在地を知らせたい相手を選ぶか、またはメールなどでリンクを送信しよう。相手のマップ上に、自分の位置情報がリアルタイムで表示される。

4 日々の行動履歴 をマップで確認

Googleマップのメニューで「設定」→「個人的なコンテンツ」→「ロケーション履歴がOFF」をタップし、機能を有効にする。これで移動した経路や訪れた場所が自動で記録されていく。Googleマップのメニューから「タイムライン」をタップすると、過去に訪れた場所や経路がマップ上に表示される

012

クイック設定

新しい機能を自由に配置

クイック設定ツールに各種機能を追加する

デフォルトでは用意されていない機能も追加できる

画面上部から下へスワイプして表示できるクイック設定ツールには、Wi-Fiや機内モードのオン/オフなどをワンタップで行えるタイルが並んでおり、表示するタイルを並べ替えたり追加することも可能だ。ただし、追加可能なタイルは最初から決まっている。もっと他の機能を追加したいなら「Quick Settings」というアプリを利用しよう。スリープの無効化や画面分割、アプリのショートカット作成など、新たなタイルを追加できる。

Quick Settings
作者／Simone Sestito
価格／無料

1 追加したいタイルのカテゴリを選択

アプリを起動するとカテゴリが一覧表示される。クイック設定に追加したいタイル（機能）のカテゴリを選択してタップしよう。

2 追加したいタイルを有効化する

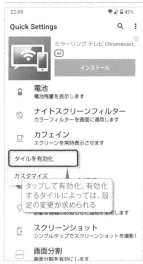

そのカテゴリで追加できるタイルが一覧表示される。追加したいタイルをタップし、表示されたメニューの「タイルを有効化」をタップする。

3 クイック設定の編集画面で追加

クイック設定の鉛筆ボタンをタップして編集モードにすると、タイルが一覧に追加されているはずだ。ドラッグしてクイック設定に追加しよう。

013

セキュリティ

Smart Lock機能を利用しよう

自宅や特定の場所ではロックを無効にする

スマートフォンには特定の条件下で自動的に画面ロックを解除してくれる、「Smart Lock」という便利な機能が搭載されている。例えば、自宅や職場を信頼できる場所として指定しておけば、その場所にいる間は画面がロックされず、スワイプだけで

ホーム画面を開くことが可能になる。利用には画面ロックの設定が必要なので、あらかじめ「設定」→「セキュリティ」から、パターン/ロックNo./パスワードなどで設定しておこう。また位置情報もオンにしておくこと。

パターン/ロックNo./パスワードなどで画面ロックを設定しておき、設定の「セキュリティ」→「セキュリティの詳細設定」→「Smart Lock」→「信頼できる場所」をタップ

Googleアカウントに自宅住所を登録していれば、「自宅」をタップして登録できる。その他の場所は「信頼できる場所を追加」をタップして、マップ上で場所を指定しよう。指定した場所に端末がある間は、画面ロックが自動的に解除される

014

壁紙

メニューなどのカラーを変更

壁紙のカラーやスタイルを詳細に設定する

壁紙を変更（P061で解説）すると、メニューやインターフェイスの配色も、壁紙に合わせた色に自動で変化する。この変化した色が好みでないなら、「設定」→「壁紙とスタイル」でカラーを調整しよう。「壁紙の色」では壁紙に合う3色の組み合わせ

から選択でき、「基本の色」では単色の基本カラーから選択可能だ。また「テーマアイコン」をオンにすると、アプリアイコンのカラーとデザインが壁紙に合わせたものになり、ホーム画面に統一感を出せる。

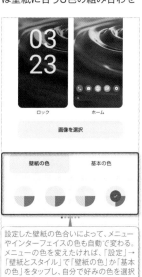

設定した壁紙の色合いによって、メニューやインターフェイスの色も自動で変わる。メニューの色を変えたければ、「設定」→「壁紙とスタイル」で「壁紙の色」か「基本の色」をタップし、自分で好みの色を選択しておこう

「テーマアイコン」をオンにすると、アプリアイコンのカラーとデザインが同じテイストで統一される。ただ、デザインが同じだとアプリを見つけづらく、非対応のアプリは従来と同じアイコンで表示されかえって雑多に感じるので、オフにしたほうが使いやすい

015

録画

音声やタップ操作も記録できる
画面の動きを動画として保存する

Android スマートフォンには、画面の操作などを動画として保存できる「スクリーンレコード」機能が標準で用意されている。クイック設定ツールにタイルがない場合は、クイック設定ツールを開いて鉛筆ボタンをタップし、「スクリーンレコード開始」タイ

ルを探して追加しよう。このタイルをタップし、録画にマイクやデバイスの音声を含めたり、画面上のタップ操作も記録したい場合はそれぞれのスイッチをオン。あとは「開始」ボタンをタップすれば録画が開始される。

ステータスバーを下に2段階スワイプしてクイック設定ツールを開き、「スクリーンレコード開始」ボタンをタップする

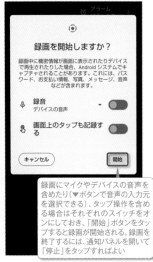

録画にマイクやデバイスの音声を含めたり（▼ボタンで音声の入力元を選択できる）、タップ操作を含める場合はそれぞれのスイッチをオンにしておき、「開始」ボタンをタップすると録画が開始される。録画を終了するには、通知パネルを開いて「停止」をタップすればよい

016

翻訳

微妙な言い回しも正確に訳す
自然な表現がすごい最新翻訳アプリ

28言語に対応し、驚くほど自然な文章に翻訳できると話題のサービスが「DeepL 翻訳」だ。他の機械翻訳では、微妙なニュアンスの言い回しを翻訳すると、直訳になったり堅苦しい文章になりがちだが、DeepL翻訳は正しい意味を読み取り、ネイティブ

の文章に近い自然な訳文に仕上げてくれる。上段のテキスト入力エリアにあるカメラボタンで撮影したテキストを翻訳することも可能だ。

DeepL翻訳
作者／DeepL SE
価格／無料

あとでテキストを再利用したい時は下段の翻訳結果欄にある保存ボタンをタップしておこう。保存した訳文は、下部メニューの「保存済み」画面で確認できる

基本的な使い方は、他の翻訳アプリと同じ。上段のテキスト入力エリアに翻訳元のテキストを入力したりペーストすると、下段には細かなニュアンスも汲み取った自然な訳文が表示される。一度に翻訳できる上限は5,000文字まで

017

Wi-Fi

パスワード不要でWi-Fiに接続
Wi-FiのパスワードをQRコードで共有する

スマートフォンで接続済みのWi-Fiのパスワードは、QRコードで簡単に他のユーザーと共有することができる。家に遊びに来た友人などに、いちいち十数桁のパスワードを伝えなくても、QRコードを読み取ってもらうだけで接続が完了するので覚えておこ

う。QRコードを読み取る方法はいくつかあるが、もっとも手軽なのはカメラアプリの利用だ。カメラを起動してQRコードにかざすだけでQRコードを読み取れる。あとは「接続」ボタンなどをタップすればWi-Fiへの接続が完了する。

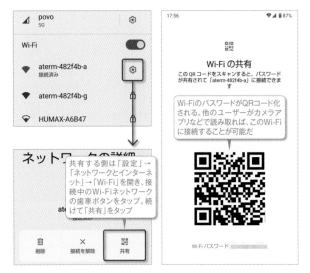

共有する側は「設定」→「ネットワークとインターネット」→「Wi-Fi」を開き、接続中のWi-Fiネットワークの歯車ボタンをタップ。続けて「共有」をタップ

Wi-Fi の共有
このQRコードをスキャンすると、パスワードが共有されて「aterm-482f4b-a」に接続できます

Wi-FiのパスワードがQRコード化される。他のユーザーがカメラアプリなどで読み取れば、このWi-Fiに接続することが可能だ

018

Gmail

予約送信機能を使おう
用意したメールを指定した日時に送信

期日が近づいたイベントのリマインドメールを送ったり、深夜に作成したメールを翌朝になってから送りたい時に便利なのが、Gmailの予約送信機能だ。メールを作成したら、送信ボタン横のオプションボタン（3つのドット）をタップ。「送信日時を設定」を

タップすると、「明日の朝」「明日の午後」「月曜日の朝」など送信日時の候補から選択できる。または「日付と時間を選択」で送信日時を自由に指定することも可能だ。あとは指定した日時になると、自動でメールが送信される。

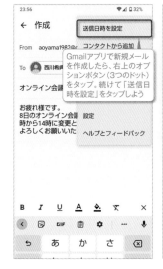

Gmailアプリで新規メールを作成したら、右上のオプションボタン（3つのドット）をタップ。続けて「送信日時を設定」をタップしよう

「明日の朝」「今日の午後」「月曜日の朝」などをタップするか、「日付と時間を選択」で予約送信する日時を指定すると、その時間に作成しておいたメールが送信される

019

LINE

LINEの「みんなで見る」機能を使おう
YouTubeをオンラインの友人と一緒に楽しむ

複数人で同時にYouTube動画を視聴できる

LINEでのグループ通話中に「みんなで見る」機能を利用すると、YouTubeの動画を一緒に視聴できる。YouTubeの再生中でも音声通話やビデオ通話は継続するので、同じ動画を観ながら感想を言い合ったりして楽しむことが可能だ。なお、右で紹介している手順のほかにも、あらかじめYouTubeで観たい動画のURLをコピーしておき、LINEで通話を開始したり通話画面に戻ることで、画面内にコピーしたURLが表示され、タップして共有を開始できる。YouTubeの履歴などに観たい動画がある場合はこちらのほうが早い。

1 LINE通話中に画面シェアする

タップ。1対1での音声通話時はこのボタンが表示されないが、2人だけのグループを作ることで表示される

LINEで音声通話やビデオ通話をしているときに、画面右下に表示される「画面シェア」→「YouTube」をタップしよう。

2 YouTubeで動画を検索する

観たい動画をタップし、「開始」をタップ

YouTubeの検索画面が開くので、一緒に観たい動画を探す。この検索画面は相手と共有されない。動画を選んで「開始」をタップすると共有される。

3 YouTubeの動画を一緒に楽しめる

全員の画面で同じYouTube動画が同時に再生され、感想を言い合ったりして楽しめる。通信環境などによって、多少タイムラグが出ることがある。

020

YouTube

クリップ機能などを使う
YouTubeで見せたいシーンを指定して共有

YouTubeの動画を友人に紹介する時に、見せたいシーンがある場合。一部の動画は特定のシーンを抜き出して共有できるクリップ機能に対応しているので、クリップした動画をメールやLINEで送ればよい。ただし、クリップした動画を共有すると、再生画面で自分のYouTubeアカウント名も表示される。自分のアカウント名を知られたくない場合や、クリップに非対応の動画の一部を共有したい場合は、指定した時間から再生が開始されるリンクを作成し、メールなどで送信しよう。

「クリップ」をタップすると、動画から5〜60秒のシーンを抜き出してループ再生できる。青いバーで見せたい範囲を選択し、「クリップを共有」をタップしてメールやLINEで送信しよう

?t=1m32s

指定した時間から再生が開始されるリンクを作成する。例えば、1分32秒経過したシーンから見てほしい場合は、動画のURL末尾に「?t=1m32s」と追加しよう（「?t=92s」と秒数に換算してもよい）。受け取った相手がこのURLをタップすると、指定時間から動画が再生される

021

周辺機器

パソコン不要でDVD再生
DVD再生とCD取り込みができるWi-Fiドライブ

パソコンを使わなくても、スマートフォンで直接DVDを視聴できる、Wi-Fi搭載の外付けドライブが「DVDミレル」だ。専用の「DVDミレル」アプリをインストールするだけで、スマートフォンがDVDプレイヤーに早変わり。ドライブに挿入したDVDを、ワイヤレスで再生できるようになる。さらに音楽CDのリッピング機能も備えており、パソコンを一切使わずに音楽CDの曲をスマートフォンに取り込むことが可能だ。こちらも専用の「CDレコ」アプリをインストールすれば利用できる。

アイ・オー・データ機器
DVDミレル（DVRP-W8AI3）
実勢価格／11,500円
無線LAN／IEEE802.11ac/n/a/g/b
サイズ／W145×H17×D168mm
重量／400g

スマートフォンに専用の「DVDミレル」「CDレコ」アプリをインストールすれば、ワイヤレスでDVDビデオを視聴したり、音楽CDを直接取り込める、Wi-Fi搭載DVD／CDドライブ。CD取り込み時のファイル形式は、AndroidとiOSともにAAC／FLACとなる。

使用中の「困った…」を完全撃退!

トラブル解決総まとめ

スマートフォンがフリーズした、アプリの調子が悪い、
通信速度が遅い、紛失してしまった……などなど。
よくあるトラブルと、それぞれの解決方法を紹介する。

画面がフリーズして（固まって）動かなくなってしまった

解決策
まずは再起動して最終手段は端末の初期化

スマートフォンの画面が、タップしても何も反応しない「フリーズ状態」になったら、まずは再起動してみるのが基本だ。電源キー、または電源キーと音量キーの上下どちらかを数秒間押し続けると、強制的に電源が切れる。強制終了したら、再度電源キーを1秒以上押して、電源を入れ直そう。

再起動しても調子が悪いなら、セーフモードを試そう。電源キーと音量を上げるキーを押して表示される「電源を切る」をロングタップし、「再起動してセーフモードに変更」で「OK」をタップ。または、一度電源を切って、再起動中に音量キーの下を押し続けよう。画面の左下に「セーフモード」と表示され、工場出荷時に近い状態で起動する。この状態で、最近インストールしたアプリなど、不安定動作の要因になっていそうなものを削除したのち、もう一度電源を切って普通に再起動すれば通常モードに戻る。

それでもまだ調子が悪いなら、一度端末を初期化したほうがいい。設定の「システム」→「リセットオプション」→「全データを消去」から端末を初期化して、初期設定（P007で解説）からやり直そう。

1 強制的に電源を切って再起動

AQUOS sense6の場合、電源キーを8秒以上長押しし、端末が振動したあと指を離すと、強制的に電源が切れる

端末の調子が悪い場合は、電源キー、または電源キーと音量キーの上下どちらか（機種によって異なる）を数秒押すと、強制的に電源を切ることができる。

2 セーフモードで起動する

電源オン時は、電源キーを長押しして「電源を切る」をロングタップし、続けて表示される確認画面で「OK」をタップ

電源オフ時は、電源をオンにして起動中に音量を下げるボタンを押し続ける

再起動後も調子が悪いならセーフモードで起動しよう。電源オン時は電源キーと音量を上げるキーを押して表示される「電源を切る」をロングタップ。電源オフ時は起動中に音量を下げるボタンを押し続ける。

3 セーフモード上でアプリを削除

+メッセージ(SMS)
66.80 MB

アシスタント
2.69 MB

あんしんフィルター for au
1.97 MB

ウイルスブロック
20.83 MB

エモパー
206 MB

おサイフケータイ アプリ
45.19 MB

カメラ

カレンダー

最近インストールしたアプリなど、トラブルの原因になっていそうなものを削除しよう

セーフモードで起動したら、最近インストールしたアプリなどを削除してみよう。もう一度再起動すれば通常モードに戻る。

4 それでもダメならデータの初期化

18:25

リセット オプション

Wi-Fi、モバイル、Bluetooth をリセット

アプリの設定をリセット

ダウンロードされた eSIM を消去

全データを消去（出荷時リセット）

タップ

それでも調子が悪いなら端末を初期化してみよう。「設定」→「システム」→「リセットオプション」→「全データを消去」をタップ。

5 「携帯端末をリセット」をタップ

aoyama@standards.co.jp

aoyama1982@gmail.com

Meet

aoyama_tarou

aoyama.taro@standards

SDカード内データを消去
SDカード内の全データ（音楽、画像など）を消去します

ダウンロードされた eSIM を消去
この操作でモバイルのサービスプランが解約されることはありません。別の eSIM をダウンロードするには、携帯通信会社へ問い合わせ…

すべてのデータを消去

タップ

削除される項目について確認が表示される。確認したら「すべてのデータを消去」をタップしよう。

6 初期化を実行する

個人情報とダウンロードしたアプリがすべて削除されます。この操作を取り消すことはできません。

すべてのデータを消去

タップ

「すべてのデータ消去」をタップすれば、初期化して工場出荷時の状態に戻る。初期化後のバックアップデータからの復元方法については、P007で解説している。

アプリの調子が悪い、すぐに終了してしまう

解決策

アプリを完全終了するか一度アンインストールする

アプリの動作がおかしい時は、「最近使用したアプリ」画面からも完全に終了させてから、もう一度アプリを起動してみる。再起動後もアプリの調子が悪いなら、一度アンインストールして、Playストアからインストールし直そう。一度購入したアプリなら、有料アプリでも無料で再インストールできる。

タップすると、実行中のアプリをすべて終了できる

機種によって操作が異なるが、「最近使用したアプリ」画面で、調子が悪いアプリを上や左右にスワイプしたり、「×」をタップすることで、完全に終了させることができる

ホーム画面またはアプリ画面で不調なアプリのアイコンをロングタップし、「アンインストール」にドラッグ。アンインストール方法は機種によって異なる

自分の電話番号を忘れてしまった

解決策

設定のデバイス情報画面や各キャリアの公式アプリなどで確認

自分の電話番号を忘れた場合は、多くの機種では「設定」→「デバイス情報」や「端末情報」にある「電話番号」欄で確認できるようになっている。この画面で確認できない場合は、各キャリアの公式アプリを起動したりマイページを開いて、契約内容画面などでチェックしよう。

「設定」→「デバイス情報」の「電話番号」欄で確認できる。機種によっては、設定画面の一番上に電話番号が表示されたり、「設定」→「端末情報」→「SIMカードのステータス」といった項目内で確認できる場合もある

povo2.0を契約している場合は、設定画面の電話番号欄が「不明」と表示される仕様になっている。povo2.0の公式アプリを起動し、左上のアカウントボタンをタップしてプロフィール画面を開くと、povo2.0の電話番号を確認できる

学習された変換候補を削除する

解決策

キーボード設定などで変換履歴を消去しよう

文字入力の変換候補は、よく使う単語をすばやく入力できて便利な機能だが、タイプミスの間違った単語や、プライバシーに関わる単語が候補として表示されると、かえって迷惑だ。機種によって異なるが、「設定」→「システム」→「言語と入力」のキーボード設定画面などで、変換履歴を消去できる。

機種によっては、文字入力時に表示される変換候補をロングタップして削除ボタンをタップしたり、ゴミ箱にドラッグすることで、消したい候補だけを個別に削除できる

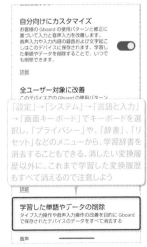

「設定」→「システム」→「言語と入力」→「画面キーボード」でキーボードを選択し、「プライバシー」や、「辞書」、「リセット」などのメニューから、学習辞書を消去することもできる。消したい変換履歴以外に、これまで学習した変換履歴もすべて消えるので注意しよう

誤って削除した連絡先を復元する

解決策

30日以内ならゴミ箱から復元したり連絡先に加えた変更をまとめて戻せる

「連絡帳」アプリで連絡先を誤って削除した場合は、削除してから30日以内なら「修正と管理」→「ゴミ箱」から簡単に復元できる。また、右上のアカウントボタンをタップして「連絡帳の設定」→「変更を元に戻す」をタップすると、連絡先に加えた編集を指定した日時の状態に復元できる。

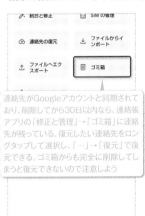

連絡先がGoogleアカウントと同期されており、削除してから30日以内なら、連絡帳アプリの「修正と管理」→「ゴミ箱」に連絡先が残っている。復元したい連絡先をロングタップして選択し、「…」→「復元」で復元できる。ゴミ箱からも完全に削除してしまうと復元できないので注意しよう

連絡帳アプリで右上のアカウントボタンをタップして「連絡帳の設定」→「変更を元に戻す」をタップすると、連絡先の状態を10分前／1時間前／昨日／1週間前か、「手動で指定」で指定した日時の状態に戻せる。ゴミ箱からも完全に削除した連絡先は復元できない

Wi-Fiの通信速度が遅い

解決策

古いWi-Fiルータを使っている人は11ax対応のものに買い換えよう

Wi-Fiが遅い原因は、障害物や接続端末が多すぎるといった場合もあるが、Wi-Fiルータが古すぎて、そもそもスペック上の通信速度を発揮できないこともある。2020年頃から発売されたスマートフォンは、高速無線LAN規格「11ax」に対応したものが多いので、ルータ側も11axに対応した製品を使おう。

**NEC
Aterm WX3000HP2
実勢価格 10,600円**
3階建て（戸建）、4LDK（マンション）までの間取りに向き、36台／12人程度まで快適に接続できる11ax（Wi-Fi 6）対応ルータ。

**バッファロー
WSR-1800AX4S
実勢価格 7,100円**
2階建て（戸建）、3LDK（マンション）までの間取りに向き、14台／5人程度まで快適に接続できる11ax（Wi-Fi 6）対応ルータ。

位置情報へのアクセス許可を聞かれたときは

解決策

「アプリの使用時のみ」を選んでおこう

マップアプリなどを初めて起動すると、位置情報へのアクセス許可を確認されるが、基本的に「アプリの使用時のみ」を選べばよい。リアルタイムの位置情報が必要なアプリや機能を使うと、「「常に許可」に設定してください」といった警告が表示されるので、指示に従って設定を変更する。

位置情報へのアクセス許可は、「アプリの使用時のみ」を選んでおけばよい。マップで現在地を共有する場合など、常に位置情報の取得が必要な機能を使おうとすると、改めて確認画面が表示されるので、「常に許可」に変更しよう

位置情報へのアクセス権限をあとから変更したり、許可を取り消したい場合は、「設定」→「アプリ」→「すべて表示」でアプリを選択。「権限」→「位置情報」をタップして選択する

紛失に備えてロック画面に自分の連絡先を表示したい

解決策

設定の「ロック画面にテキストを追加」で連絡先を入力しておこう

紛失したスマートフォンは、P095で解説している「デバイスを探す」機能で探せるが、端末がネット接続されていないと位置情報を取得できない。そこで、拾得者の善意に期待して、ロック画面に自分の連絡先を表示させておこう。「設定」→「ディスプレイ」→「ロック画面」の画面から登録しておける。

「設定」→「ディスプレイ」→「ロック画面」→「ロック画面にテキストを追加」をタップし、自分の連絡先などを入力しておく

ロック画面に、「ロック画面にテキストを追加」で入力したテキストが表示される。誰でも見ることができるので、表示する連絡先には注意しよう

気付かないで加入しているサブスクがないか確認

解決策

Playストアアプリの「定期購入」画面で確認、解約しよう

毎月定額を支払うタイプのサブスクリプションサービスは、うっかり解約を忘れて無駄な料金を支払いがちだ。Playストアアプリのメニューから「定期購入」をタップして、気づかないで加入している定額サービスやアプリ内課金がないか、一度しっかりチェックしておこう。

Playストアアプリで右上のユーザーボタンをタップし、メニューから「お支払いと定期購入」→「定期購入」をタップすると、契約中の定期購入アプリやサービスを確認できる

解約したい場合は、アプリを選択して、一番下の「定期購入を解約」をタップしよう。無料期間中や支払い済みの期間が残っている場合は、期限が切れるまで有料機能を使い続けることができる

紛失した
スマートフォンを探し出す

解決策
「デバイスを探す」機能で探そう

スマートフォンの紛失や盗難に備えて、「デバイスを探す」機能を設定しておこう。Googleアカウントで同期している端末の現在位置を表示できるだけではなく、個人情報の塊であるスマートフォンを悪用されないよう、遠隔操作でさまざまな対処を施すことが可能だ。

右の手順で事前設定を済ませておけば、万一紛失した際に、「デバイスを探す」アプリで紛失した端末の現在地を、地図上で確認できるようになる。また、音を鳴らして位置を掴んだり、画面ロックしていない端末に新しくパスワードを設定することもできる。さらに、個人情報の漏洩阻止を最優先するなら、遠隔操作ですべてのデータを消去してリセットすることも可能だ。パソコンなどのWebブラウザで「デバイスを探す」（https://android.com/find）にアクセスしても、同様の操作を行える。なお、これらの機能を利用するには、紛失した端末がネットに接続されており、位置情報を発信できる状態であることが必要だ。

デバイスを探す
作者／Google LLC
価格／無料

1 「デバイスを探す」と位置情報をオンに

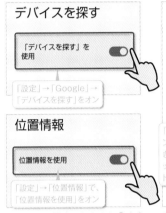

デバイスを探す

「デバイスを探す」を使用

「設定」→「Google」→「デバイスを探す」をオン

位置情報

位置情報を使用

「設定」→「位置情報」で、「位置情報を使用」をオン

この端末を紛失したときに「デバイスを探す」機能が使えるように、「デバイスを探す」と「位置情報」がオンになっているか、それぞれ設定を確認しておこう。

2 バックアップコードをメモしておく

ップコードはすぐに使える状態で安全な場所に保管しておいてください。

バックアップコード

残りのバックアップコード: 10 件
作成: たった今

「設定」→「Google」→「Googleアカウントの管理」で「セキュリティ」タブを開き、「2段階認証プロセス」をタップ。「バックアップコード」をタップし、8桁のコードをメモしておく

2段階認証を設定していて、認証できる端末が1つしか無い時は、その端末を紛失した時点で他の端末からログインできなくなる。あらかじめ「バックアップコード」を取得しておこう。

3 「デバイスを探す」で紛失した端末を探す

家族や友人のスマートフォンを借りる場合は、「ゲストとしてログイン」でログイン。紛失した端末以外で2段階認証できない時は、「別の方法を試す」→「8桁のバックアプコード〜」をタップし、メモしておいたバックアップコードを入力すればよい

Sony Xperia 1 IV
マップのタイムライン経由でたった今に位置を特定しました
aterm-482f4b-a
61%

音を鳴らす
デバイスを保護

万一端末を紛失してしまったら、他のスマートフォンやタブレットで「デバイスを探す」アプリを起動しよう。紛失した端末の現在地を地図で確認できる。

4 端末から音を鳴らして位置を掴む

20:04　ゲストモード

デバイスを探す

音を鳴らす

0:00　　5:00

音を止めるには、デバイスの電源ボタンを押してください。

デバイスが見つからない場合は、デバイスを保護してデータを守ってください。

着信音を停止

マナーモードでも音は鳴るようになっている

表示された地点で探してもスマートフォンを発見できない場合は、「音を鳴らす」をタップ。最大音量で5分間音を鳴らして、スマートフォンの位置を確認できる。

5 端末を遠隔操作でロックする

20:05　ゲストモード

デバイスを探す

デバイスを保護

メッセージや電話番号の追加

デバイスを見つけてくれた人に、メッセージか連絡先の電話番号を残してください。

復旧メッセージ（省略可）

電話番号（省略可）

拾ってくれた人へのメッセージや電話番号を入力できる

「デバイスを保護」をタップすると、他人に使われないようにロックし、画面上に電話番号やメッセージを表示できる。画面ロックが未設定の場合はパスワード設定も可能。

6 データを消去し端末をリセットする

20:07　ゲストモード

デバイスを探す

デバイスデータを消去

このデバイスのデータはすべて完全に消去されます。消去後はデバイスの位置を特定できなくなります。

デバイスがオフラインの場合、消去は次にオンラインになったときに開始されます。

デバイスのデータを消去するには、Google アカウントへのログインが必要になることがあります。

デバイスデータを消去

タップすると初期化される

端末がどうしても見つからず、個人情報を消しておきたいなら、「デバイスデータを消去」で初期化できる。ただし、もう「デバイスを探す」で操作できなくなるので操作は慎重に。

● 各キャリアの紛失・盗難時サービスを利用する

	docomo	au	SoftBank
利用中断・再開	0120-524-360に電話	0077-7-113に電話	0800-919-0113に電話
遠隔ロック	事前設定不要で、My docomoにアクセス、または0120-524-360に電話して「おまかせロック」を利用（事前に端末側で「遠隔初期化」を設定すれば、My docomoから端末およびSDカードのデータを初期化できる）	以前は「位置検索サポート」機能のひとつとしてスマートフォンの遠隔ロックも可能だったが、現在は遠隔ロック機能が提供終了となり利用できない	My SoftBankにアクセス、または0800-919-0157に電話して「安心遠隔ロック」を利用（事前に端末側で「安心遠隔ロック」アプリの設定が必要。また「セキュリティパックプラス」か「セキュリティパック」、「基本パック」の契約が必要）
端末の位置捜索	My docomoにアクセス、または0120-524-360に電話して「ケータイお探しサービス」を利用（事前に端末側で「ドコモ位置情報」の設定が必要）	事前に「My au」アプリで位置検索サポートを有効にした上で、My auにアクセス、または0077-7-113に電話（「auスマートパス」「auスマートサポート」「故障紛失サポート」「安心サポートパック」などの契約が必要）	0800-919-0157に電話して「紛失ケータイ捜索サービス」を利用（「セキュリティパックプラス」か「セキュリティパック」、「基本パック」の契約が必要）

Android
スマートフォン
完全マニュアル
2023
2024

2 0 2 3 年 7 月 5 日 発 行

編集人　清水義博
発行人　佐藤孔建

発行・　スタンダーズ株式会社
発売所　〒160-0008
　　　　　東京都新宿区四谷三栄町
　　　　　12-4 竹田ビル3F
　　　　　TEL 03-6380-6132

印刷所　中央精版印刷株式会社

©standards 2023
本書からの無断転載を禁じます

Android Smartphone Perfect Manual 2023-2024

Staff

Editor
清水義博（standards）

Writer
西川希典

Cover Designer
高橋コウイチ（WF）

Designer
高橋コウイチ（WF）
越智健夫

制作協力　KDDI株式会社

本書の記事内容に関するお電話での
ご質問は一切受け付けておりません。
編集部へのご質問は、書名および何
ページのどの記事に関する内容かを詳
しくお書き添えの上、下記アドレスまでE
メールでお問い合わせください。内容に
よってはお答えできないものや、お返事
に時間がかかってしまう場合もあります。
info@standards.co.jp

ご注文FAX番号　03-6380-6136

https://www.standards.co.jp/